广东省技术经济研究发展中心系列学术专著

科技成果转化

国际视野下的实践与经验

张祥宇　魏亚运　黄　静◎主编

SPM 南方传媒 | 广东经济出版社

·广州·

图书在版编目（CIP）数据

科技成果转化：国际视野下的实践与经验 / 张祥宇，魏亚运，黄静主编. --广州：广东经济出版社，2024. 10. -- ISBN978-7-5454-9373-3

Ⅰ. F124. 3

中国国家版本馆 CIP 数据核字第 2024XL4960 号

责任编辑：刘　倩
责任技编：陆俊帆
责任校对：陈运苗

科技成果转化：国际视野下的实践与经验
KEJI CHENGGUO ZHUANHUA：GUOJI SHIYEXIA DE SHIJIAN YU JINGYAN

出 版 人：刘卫平
出版发行：广东经济出版社（广州市水荫路 11 号 11～12 楼）
印　　刷：珠海市国彩印刷有限公司
（珠海市金湾区红旗镇永安一路国彩工业园）

开　　本：787mm×1230mm　1/16　　印　　张：14
版　　次：2024 年 10 月第 1 版　　印　　次：2024 年 10 月第 1 次
书　　号：ISBN 978-7-5454-9373-3　　字　　数：200 千字
定　　价：89. 00 元

发行电话：（020）87393830
广东经济出版社常年法律顾问：胡志海律师
如发现印装质量问题，请与本社联系，本社负责调换。

编委会

编者的话

我国科教兴国战略深入人心，改革开放以来国家科技投入水平不断提高，重大科研成果不断涌现，国家科技创新力获得长足发展，我国正迈入创新型国家行列。众所周知，科技成果转化是将科技转变为现实生产力的关键环节，被称为国家科技创新体系建设“最后一公里”，对提升国家综合竞争力意义重大，已成为科技管理工作的要务。为促进科技成果转化，我国出台了一系列政策和措施，取得了可喜成就，并获取了许多宝贵经验。然而，科技成果转化是一项复杂的系统工程，既关乎成果质量，还涉及转化环境中机制、资金、人才、市场等影响要素，由于各种现实困难和障碍的存在，我国科技成果转化之路仍任重道远。

为了进一步探究科技成果转化的影响要素，为我国现代科技成果转化体系建设提供理论依据，本书研究团队采用理论联系实际、国内外研究结合、现实与历史结合等方法，通过文献检索、走访产学研机构和学者等方式得出结论，并意识到在我国科技成果转化体系建设中有必要学习国外先进、成功的经验。发达国家科技基础较好，其科技发展经历过失败与成功，有许多科技成果转化的经验可以借鉴。为了系统分析发达国家科技成果转化经验，本书研究团队选择美国、德国、以色列、英国、新加坡等 12 个国家为研究对象，拓宽了研究科技成果转化的视野，通过文献检索和系统分析解读，从中找出国外科技成果转化实践经验对我国的启示。

本书研究团队重点梳理了 12 个国家促进科技成果转化的政策法律、机制，主要机构及典型案例。综合来看，在政策法律方面，主要有促进法案、知识产权保护法案、税收优惠政策以及人才激励政策等；在机制方面，主要有国家和地区层面的计划和转化模式等；在主要机构方面，主要有公共服务机构、企业服务机构和高校服务机构等；在典型案例方面，主要有国家和地区层面的科技成果转化平台、企业层面的科技成果转化公司，以及高校等机构的具体实践。本书研究团队根据 12 个国家的特点，选取了有代表性的政策、机构和典型案例进行阐述，并给出相关的启示和建议，以期推动我国科技成果转化体系建设。

此外，通过比较 12 个国家科技成果转化的特点和优势，聚焦前沿发展的新态势，总结我国在科技成果转化方面的亮点与不足，并对相关问题提出针对性建议，力求为我国政府科技管理部门规划构建现代科技成果转化体系提供理论依据和指南，最大限度地为广大读者勾勒出科技成果转化的基本图景，为我国科技成果高质量转化蓄力赋能。以上这些研究工作在广东省软科学研究项目“科技成果市场化评价标准构建及体制机制研究”（项目编号：2024A1010010007）的资助下开展。

本书的编者在科技管理领域长期深耕，有着丰富的知识和工作经验，十分肯定其研究的价值。诚然，知识日新月异，本书中的观点难免会有疏漏与不足之处。此外，新政策、新方法、新技术对科技成果转化的赋能影响有待后续完善和拓展研究。

2024 年 9 月于广州

前言

PREFACE

长期以来，在国家科技创新政策大力支持下，我国的企业、高校及科研院所等科研主体取得了大量的优质科研成果，上天揽月、跨海架桥、风中取电、高铁飞驰……这些不断涌现的重大科技成果为国家发展注入了强大的创新活力，国力不断增强。但与此同时，高端芯片、核心软件、关键材料等领域仍受制于人，亟须突破相关“卡脖子”技术，努力实现科技成果转化，打通一条从“科学强、人才强”到“技术强、工艺强”，再到“产业强、经济强”的创新链①。党的二十大作出了加快实现高水平科技自立自强的战略部署。而高质量科技成果转化是实现高水平科技自立自强的源头活水，是推动中国式现代化目标实现的重要一环。

科技成果转化作为创新驱动发展的必要环节，对我国产业高质量发展具有重大意义，一定程度上可以将其看作“科技是第一生产力”的最直接体现。党的十八大以来，党中央重视科技成果转化，推出多项政策加强创新研发、促进成果转化、激发创业活力，其中包括职务

① 新华时评：要在科技成果转化上下更大的功夫[EB/OL].(2022-03-17)[2024-02-28].https://baijiahao.baidu.com/s?id=1727542409421902683&wfr=spider&for=pc.

科技成果权属改革、专业技术人员职称评定改革等重要激励措施。《中华人民共和国国民经济和社会发展第十四个五年规划和2035年远景目标纲要》提出：创新科技成果转化机制，改革国有知识产权归属和权益分配机制，扩大科研机构和高等院校知识产权处置自主权，完善无形资产评估制度。2021年12月第二次修订的《中华人民共和国科学技术进步法》（简称《科学技术进步法》）强调成果转化。此外，政府部门颁布政策法规促进成果转化，科研院所、高校探索适合自身的转化模式，成果转化逐渐活跃，取得显著进展。科技部火炬高技术产业开发中心数据显示，2022年，我国技术合同登记数量和成交金额分别比2021年增长15.2%和28.2%①。根据《2021年中国专利调查报告》，2021年我国发明专利产业化率为35.4%，与此同时，科研单位、高校发明专利产业化率分别仅为15.6%和3.0%②。我国解决科技成果转化难题的速度正在加快，但在转化链条上还存在一些问题。例如，政策不够细化且有待进一步协同落实，高质量创新性成果供给不足，转移转化专业人才缺乏，金融资本支持力度不足，转化服务体系不够完善，等等。

国际科技创新及技术转移活动正处于空前活跃状态，已累积了大量成功经验，形成了多种有效的科技成果转化模式。发达国家根据本国国情构建了国家创新体系，特别是在促进产学研紧密结合、加快科技成果向企业转移方面展现出独特优势。美国和欧洲（主要是英国和德国）的技术转移市场发展较早，已建立起较完善、市场化程度高的知识产权流转体系；而日本、韩国、新加坡等国根据自身情况，建立

① 梁倩，袁小康，萧海川．科技成果转化日趋活跃　产学研融合还需发力［EB/OL］．（2023-04-18）［2024-03-23］．https://baijiahao.baidu.com/s?id=1763474831749137251&wfr=spider&for=pc.

② 同上。

了具有针对性的技术转移体系，虽未完全市场化，但在政府引导下也取得了显著成就，并在国际技术转移市场中占有一席之地。面对新形势，为了加快实施创新驱动发展战略，促进我国科技自立自强并提高科技成果转化的效率，我们需要借鉴发达国家在科技成果转化领域的经验，包括政策制定、法律框架、转化机制以及典型转化模式等方面的实践经验。我们应通过借鉴和使用这些经验，进一步改进和完善我国科技成果转化的制度体系，消除影响科技成果转化的体制障碍，以实现科技成果的高质量转化。

科技成果转化概述

美国科技成果转化实践与经验

德国科技成果转化实践与经验

以色列科技成果转化实践与经验

英国科技成果转化实践与经验

日本科技成果转化实践与经验

法国科技成果转化实践与经验

芬兰科技成果转化实践与经验

意大利科技成果转化实践与经验

中国科技成果转化实践与经验

我国科技成果转化体系建设建议

01

科技成果转化概述

1.1 科技成果转化的概念与内涵

“科技成果转化”一词是我国科技管理工作专用名词之一。1994 年国家科学技术委员会（简称“国家科委”）课题组首次将科技成果转化系统地概括为：科技成果从研究、开发、中试、试制、生产、销售至取得较高的经济回报所经历的过程。1996 年实施的《中华人民共和国促进科技成果转化法》（简称《促进科技成果转化法》）明确将科技成果转化定义为：为提高生产力水平而对科技成果所进行的后续试验、开发、应用、推广直至形成新技术、新工艺、新材料、新产品，发展新产业等活动。与科技成果转化概念类似的其他概念包括科技成果应用、科技成果推广、科技成果商品化、科技成果产业化、技术转移等。而本书涉及的科技成果转化，指的是科技创新取得的成果在实际生产和生活中得到应用，强调的是科技成果向现实生产力转化的过程。

在国外，“科技成果转化”并没有与之完全相对应的名词，一般使用“技术转移”这一概念，其英文为“technology transfer”。技术转移最广义的定义就是将科学技术知识从研究机构和科学技术文献中提取出来交到使用者手中①。联合国《国际技术转移行动守则（草案）》（1985 年）将技术转移定义为：转让关于制造一项产品、应用一项工艺或提供一项服务的系统知识，但不包括只涉及货物出售或只涉及货物出租的交易。美国的道克特斯认为，给技术转移界定以下范围比较合适：一是所涉及的技术较为复杂；二是转移方与接受方不是由同一主管机构控制；三是尚未受到检验、尚未获得任何应用的发明不在技术转移研究的范围

① 武夷山. 国外的技术转移研究[J]. 科学学与科学技术管理，1984（2）：39–41.

之内；四是技术转移活动是有目的的，不是偶然的①。

我国《国家技术转移示范机构管理办法》中对技术转移给出了确切定义：是指制造某种产品、应用某种工艺或提供某种服务的系统知识，通过各种途径从技术供给方向技术需求方转移的过程。其中所谓“制造某种产品、应用某种工艺或提供某种服务的系统知识”可以理解为技术成果。从《中华人民共和国促进科技成果转化法》到《实施〈中华人民共和国促进科技成果转化法〉若干规定》，到《促进科技成果转移转化行动方案》，再到《国家技术转移体系建设方案》，我国相关文件的名称及其内容也逐渐发生了变化，演变的主线是“科技成果转化→科技成果转移转化→技术转移”②，从中可见技术转移侧重于知识流动，而科技成果转化则侧重于知识价值的实现。

通常，技术转移指的是技术或知识转移或扩散的过程，所以，不论是地理位置的转移，还是所有权属性的转移，都可以说实现了技术转移。技术转移概念强调的是技术扩散和流动的情况，技术转移越活跃，说明技术扩散和应用的可能性越大，但是技术最终能否应用于实际取决于许多因素。此外，其他相似概念，如“新技术商业化”概念，指的是新技术形成产品或者产业的过程，但事实上，很多科技成果只是应用在生产过程中，并不会完全形成产品或产业，所以这类概念更强调形成产品或产业的那一类技术③。

方卓舟④将科技成果转化划分为狭义的科技成果转化和广义的科技成果转化。狭义的是指将科技成果转化为全新的社会生产力，实现其创

---

① 武夷山．国外的技术转移研究[J]．科学学与科学技术管理，1984（2）：39-41.

② 吴寿仁．科技成果转化若干热点问题解析（九）：技术及技术转移概念辨析及相关政策解读[J]．科技中国，2018（2）：54-60.

③ 陈宝明．对科技成果转化问题的思考[J]．高科技与产业化，2013（3）：40-43.

④ 方卓舟．俄罗斯科技成果商品化的尝试[J]．全球科技经济瞭望，1999（4）：33.

新价值；广义的则是指为实现某些目标而进行的科学成果的内容与形式不断变化的综合，如促进科技创新与发展，在科学技术、社会、经济之间建立互动关系并实现一体化等。周阳等①在相关研究中指出，从本质上而言，科技成果转化与技术转移存在很多相似点，认为转化是实现科研成果价值的一个过程。李斌②认为转化的基础就是以知识形态存在的科技成果，这是一种具有科技性质的经济行为，是科技与经济融合的过程，是将科技成果转化为生产力且产生最大化效益的一个过程。由此可以认为，科技成果转化着重于科技成果的实际应用，偏重于生产力层次；而技术转移着重于技术的扩散和流动，也就是技术在市场上交易的过程，偏重于生产关系层次。所以，从我国强调技术的实用性和应用性的初衷出发，“科技成果转化”的概念是更加契合我国当前国情的。

1.2 科技成果的概念与界定

“科技成果”的说法源于我国科技管理领域，不同的资料（如《现代科技管理辞典》《中华人民共和国促进科技成果转化法》《中国科学院科学技术研究成果管理办法》等）对其定义有所不同。

1.《现代科技管理辞典》对科技成果的界定

《现代科技管理辞典》将科技成果定义为“科研人员在他所从事的某一科学技术研究项目或课题研究范围内，通过试验观察、调查研究、综合分析等一系列脑力、体力劳动所取得的，并经过评审或鉴定，确认

① 周阳，丁奕文，陈雪琳，等．科技成果转化问题及对策建议研究：以四川省为例[J]．网信军民融合，2020（3）：56-60.

② 李斌．向市场关系过渡时期俄罗斯煤炭工业科技成果开发和推广的管理[J]．管理科学文摘，1996（9）：31.

具有学术意义和实用价值的创造性结果”。科技成果包含五层含义：

（1）科技成果源于科学技术研究项目或课题研究，而科学技术研究项目或课题研究都是目的性很强的系统性研究开发活动，需先进行科研项目立项，并根据项目预算投入相应的人力、物力、财力。

（2）科技成果是试验观察、调查研究、综合分析等脑力、体力劳动成果，即创造性劳动成果。

（3）科技成果应具有学术意义和实用价值，前者是指理论研究成果，后者是指应用技术成果。

（4）科技成果的价值需经过专家评审或鉴定确认，即其价值通过某种形式和一定的程序得到第三方确认。

（5）科技成果比现有成果更有创造性，即有显著的进步，也可以用创新性、先进性来表明其创造性。

2.《科技成果评价试点暂行办法》对科技成果的界定

《科技成果评价试点暂行办法》第二条规定，“科技成果是指由组织或个人完成的各类科学技术项目所产生的具有一定学术价值或应用价值，具备科学性、创造性、先进性等属性的新发现、新理论、新方法、新技术、新产品、新品种和新工艺等”。这一定义与《现代科技管理辞典》中的定义相近，即科技成果都源于各类科技项目，都有学术价值或应用价值，都突出“新”。两者的不同之处在于：

（1）前者对学术价值或应用价值是客观描述，后者强调科技成果的价值得到确定。

（2）前者列举了成果的表现形式，后者只是强调创造性。

（3）后者突出了科技成果的取得方式，前者没有反映成果是如何取得的。

3.《最高人民法院关于审理技术合同纠纷案件适用法律若干问题的解释》对科技成果的界定

《最高人民法院关于审理技术合同纠纷案件适用法律若干问题的解释》（简称《最高法解释》）第一条给出了技术成果的定义，即“技术成果，是指利用科学技术知识、信息和经验作出的涉及产品、工艺、材料及其改进等的技术方案，包括专利、专利申请、技术秘密、计算机软件、集成电路布图设计、植物新品种等”。

4.《中华人民共和国促进科技成果转化法》对科技成果的界定

1996 年，《中华人民共和国促进科技成果转化法》对科技成果作出明确定义为通过科学研究与技术开发所产生的具有实用价值的成果。2000 年发布的《科技成果登记办法》将科技成果划分为应用技术成果、基础理论成果和软科学研究成果三大类。

2015 年，修正后的《促进科技成果转化法》指出，科技成果是指通过科学研究与技术开发所产生的具有实用价值的成果。据此，科技成果应当具有两个特征：第一，是在科学研究或技术开发中产生的；第二，具有实际应用价值。同时，《促进科技成果转化法》提出“职务科技成果”的概念，即指执行研究开发机构、高等院校和企业等单位的工作任务，或者主要是利用上述单位的物质技术条件所完成的科技成果。

《促进科技成果转化法》规定的“科技成果”的覆盖面比《最高法解释》规定的“技术成果”更大，侧重点也有所不同。主要体现在以下三个方面：

（1）前者强调实用价值，后者限于技术方案。

（2）前者着眼于转化，强化价值实现，包括实施与转移，后者着眼于转移，主要是权属转移。

（3）前者不强调产权属性，后者强调产权属性，用于处理权属纠纷。

另外需要注意的是，《促进科技成果转化法》条文中出现的科技成果有多个含义：

一是广义的科技成果，即该法第二条对科技成果的定义和“科技成果转化”中的科技成果含义，基本上是同一含义。

二是该法第十条规定的“科技成果”，并不是现有的科技成果，而是指对科技项目立项，将来取得的科技成果，即科研活动的结果，也是科研管理活动的管理对象。

三是该法第十一条规定的“科技成果”，是指科技项目立项以后，通过研究开发取得的科技成果。这一科技成果的概念与《现代科技管理辞典》和《科技成果评价试点暂行办法》规定的科技成果含义相近。

四是该法第十六条第（二）项、第（五）项规定的“科技成果”，主要指有证技术成果，一般不包括技术秘密。

五是该法第十六条第（三）项规定的“科技成果”，是指知识产权成果，即“有证技术成果+技术秘密”。

5.《中国科学院科学技术研究成果管理办法》对科技成果的界定

《中国科学院科学技术研究成果管理办法》对“科技成果”的定义是：某一科学技术研究课题，通过观察试验和辩证思维活动取得的，并经过鉴定，具有一定学术意义或实用意义的结果。

6.《高新技术企业认定管理工作指引》对科技成果的界定

《高新技术企业认定管理工作指引》（简称《工作指引》）中“企业创新能力评价”部分给出了科技成果的定义，即“依照《促进科技成果转化法》，科技成果是指通过科学研究与技术开发所产生的具有实用价值的成果（专利、版权、集成电路布图设计等）”。表面上看，这一定义源于《促进科技成果转化法》第二条，其实两者差异比较大，主要体现在以下三个方面：

(1)《工作指引》所称的科技成果是指专利、版权、集成电路布图设计等“有证技术成果”，不包括技术秘密、进入公共领域的科技成果等。

(2) 任何一件专利、版权、集成电路布图设计等，都是一项科技成果。

(3) 科技成果可以分解为若干子成果，子成果又可以继续细分，直到每一件知识产权。《工作指引》已将科技成果细分到知识产权层面。

这一定义与《最高法解释》定义的技术成果有以下两点不同：一是

《最高法解释》规定的专利申请和技术秘密是技术成果，但不属于《工作指引》规定的科技成果；二是《最高法解释》里列举的知识产权类型，是指由这些知识产权构成的组合，而《工作指引》中规定的知识产权是按件计算的。

定义不同的原因是这两个文件所要解决的问题不同，《最高法解释》用于处理当事人在技术合同履行中存在的纠纷，而《工作指引》用于认定高新技术企业。用途不同，科技成果的概念当然也会有差异。

1984 年 2 月 22 日，国家科委发布《国家科委关于科学技术研究成果管理的规定（试行）》，明确科技成果的范围包括：

（1）为解决某一科学技术问题而取得具有一定新颖性、先进性和实用价值的应用技术成果。

（2）在重大科学技术项目研究中取得的有一定有新颖性、先进性和独立应用价值或学术意义的阶段性科技成果。

（3）消化、吸收引进技术所取得的科技成果。

（4）科技成果应用推广过程中取得的新的科技成果。

（5）为阐明自然的现象、特性或规律而获得的具有一定学术意义的科学理论成果。

2000 年，科技部发布《科技成果登记办法》作为补充规定，要求办理科技成果登记时应提交相关材料，如评价证明、知识产权证明和用户证明等，具体要求取决于科技成果的性质。

总体而言，对科技成果的定义表明两点认识：一是应根据文件定义及问题解决情况来判断科技成果的内涵和适用性；二是科技成果是相对的，可包含多个知识产权，如专利、软件著作权等。因此，每项科技成果必须具体指明内容和范围①。

① 亭外古道. 能给一个最官方的“科技成果”的概念么？[EB/OL].（2023-06-08）[2024-03-24]. https://www.zhihu.com/question/523423627/answer/2818392995.

1.3 科技成果转化的过程

科技成果转化是一个从基础研究到应用研究、到科技开发的转化流程，是科技成果（主要指应用技术成果）流动与演化的过程，其系统性特征见图 1-1。这是一个十分复杂的技术、价值实现的社会过程，其复杂性、艰巨性并不亚于获得科研成果本身①。这一过程是一个循环往复的复杂系统：基础研究为应用研究和科技开发提供理论指导，决定了科技开发的水平和规模；反过来生产应用的实践又给基础研究提出了新的要求和新的课题，促使基础研究拓展深度和广度。

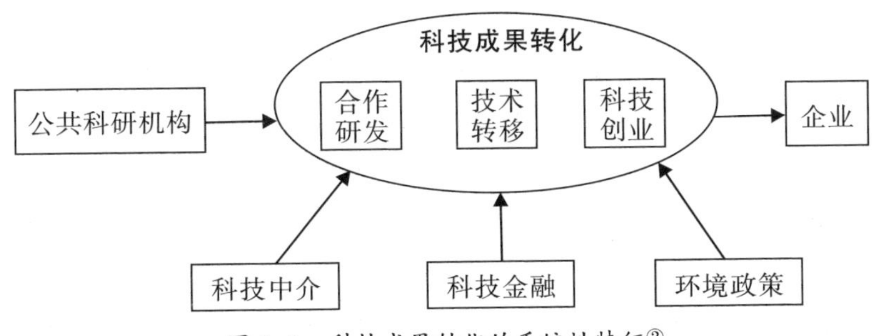

图 1-1 科技成果转化的系统性特征②

科技成果转化过程涵盖了“转”和“化”两个方面：“转”表示科技成果所有权和使用权的转移，“化”则是科技成果逐步产品化、商品化、产业化的演变过程（图 1-2）。

---

① 鲍健强. 论科研成果的转化机制和模式[J]. 科学·经济·社会，1991，9（2）：29-32，54.

② 周华东. 德国科技成果转化的经验及其对我国的启示[J]. 科技中国，2018（12）：22-26.

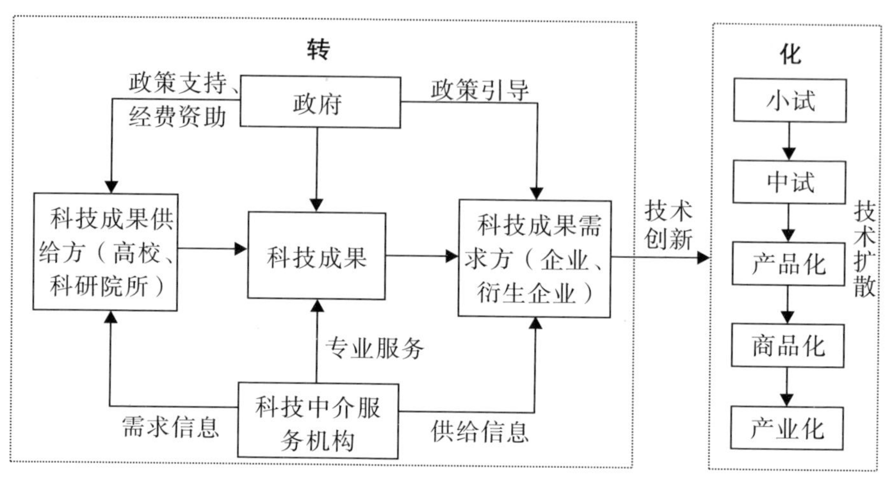

图 1-2　科技成果转化过程①

“转”阶段主要描述科技成果在政府和科研中介机构的推动下，从科研院所、高校等供给方流向企业和衍生企业的过程。政府在这一过程中充当强有力的推动者，通过经费支持和政策引导等手段，为供给方和需求方提供全方位的支持并发挥协调作用；科研中介机构则作为第三方组织，搭建了科技成果的供需平台，为双方提供技术支撑服务，提高了科技成果“转”的效率。在这个机制中，“转”的方式和模式尤其关键，其直接影响双方的合作方式和利益分配。其中“转”的主要模式有三种：

（1）科技成果的商业转让。通过商业方式将具有应用价值的科技成果有偿转让给需求方，合作周期短、关系较为松散和直接。

（2）产学研合作。科研机构、高校与企业进行全方位研究、开发、生产的双向合作，合作周期长、关系密切。

（3）向衍生企业转让。科研机构将科技成果直接转向其兴办或控制

① 科技黄石.「聚焦」一文读懂科技成果转化[EB/OL].(2023-04-04)[2024-03-27]. https://mp.weixin.qq.com/s/xnHoH6dEpAZ84J8foJaRSg.

的企业实体，实际上是同一利益体内的活动。

“化”阶段主要描述科技成果经过小试、中试、产品化、商品化和产业化等阶段的深度再开发和应用过程。这一过程伴随着技术扩散和技术创新。总体而言，“转”强调科技成果所有权和使用权的转移，而“化”强调科技成果在内部发生质的变化。为了实现科技成果的顺畅高效转化，通常需要满足以下五个条件：

（1）公共科研体系产出易于被产业接受的成果。

（2）企业存在技术需求且具备技术吸收能力。

（3）科研中介机构具有专业化服务能力。

（4）科技金融系统发达，可提供丰富多样的金融支持。

（5）政策环境鼓励知识生产并能激励成果转化。

1.4 科技成果转化机制

科技成果转化是科技创新的重要组成部分和关键环节。科技成果具有不同的表现形态和阶段性的研究特征，而科技成果的阶段性与其成熟度具有一定的相关性。由此可见，科技成果转化过程并不是一个简单的“成果应用”问题，而是一个复杂的“成果-采用”系统，具有比较长的转化链条。科技创新不仅仅是实验室里的研究，更重要的是要加强创新资源融合，将创新成果转换为推动经济社会发展的现实动力；科技成果转化是一个全要素耦合的系统工程，离不开创新链上各种资源的融合和共同参与。只有推动高质量科技成果转化，才能促进创新链、产业链、资金链、人才链深度融合，推动产业结构战略性调整优化。因此，要实现从知识生产到知识应用的有机链接和贯通，遵循从科学到技术、从技术到市场的创新规律，需要运用系统思维对科技成果转化进行全方位的制度完善。

影响科技成果有效转化机制形成的因素是多层次且复杂的。在科技成果转化机制中，参与科技成果转化活动的主体主要有科技成果的供给方、需求方和政府及其附属机构三类，它们分别是科技成果的输出方、输入方及主导者和推动者。其中，供给方主要包括科研院所、高校，以及依附于高校与科研院所建立的国家实验室，同时包括企业的研发部门；需求方多为企业或具有相关科研机构的衍生企业；政府及其附属机构不仅从政策上给予引导和支持，而且提供经费扶持。因此，要真正形成科技成果的有效转化机制，就要应用系统的思维全面把握，正视和处理好各个环节和各种因素，创造条件、克服障碍、协调利益、共同努力①。

① 鲍健强．论科研成果的转化机制和模式［J］．科学・经济・社会，1991，9（2）：29-32，54．

02

美国科技成果转化实践与经验

尽管美国是目前全球科技领先的国家之一，但其现代科技的发展历程相对较短。1776 年美国独立时，资本主义已在英国、荷兰、法国、西班牙等国蓬勃发展了近百年，直到 19 世纪初，美国才开始引进欧洲的先进机器设备和科学技术，包括纺织机、蒸汽机、内燃机、发电机、汽车和新的炼钢技术等。

这些设备技术的引进使得美国工业革命缩短了发展路径，并最终获得国际领先地位。在约 100 年的时间里，美国利用欧洲的科研成果成功发明了电报、电话、电灯和飞机等，极大地推动了工业发展。至 20 世纪初，美国已经迎头赶上了英国、法国、德国等欧洲工业强国。基于此，本章将对美国科技成果转化的实践与经验进行梳理、分析、总结，分别对相关政策法律、机制，主要机构及典型案例（原北美大学技术经理人协会、美国 Yet2 技术服务与交易平台、美国概念证明中心）进行详细介绍。

2.1 相关政策法律、机制

自 20 世纪 80 年代以来，为了快速推动科技成果转化为实际生产力，促进新技术开发和技术转移，美国政府制定了一系列法律法规和政策措施，构建了相对完善的政策框架。美国在促进科技成果转化和技术转移方面采取的多项政策措施，如为转化项目提供充足经费、重视成果信息推广服务、支持企业与科研机构的合作研发、激励科技人员积极参与成果转化和技术创新等，对我国建设和完善促进科技成果转化和技术创新的法律政策体系具有一定的借鉴意义①。

① 创客总部. 美国政府如何促进科技成果转化[EB/OL]. (2019-08-22)[2024-03-24]. https://www.sohu.com/a/335668558_194357.

2.1.1 相关政策法律

美国自建国以来一直坚持将科技与生产密切结合。1945 年，Vannevar Bush 发表了《科学：无尽的前沿》报告，提出科技成果转化问题。他的主要观点是政府应该持续提供资金支持，用于开发和应用科学研究成果，以增加工业发展所需的技术知识储备，从而促进国家经济的长期发展。这份报告对美国在第二次世界大战后的科技发展政策，尤其是促进科技成果转化的政策产生了深远的影响。欧洲的资本主义发达国家如英国、法国、德国等，一直非常重视科学研究，然而，美国是较早关注科技成果转化问题的国家之一，强调科学技术与生产的紧密结合。这一理念在一定程度上解释了美国能够在超越欧洲科技和工业强国后一直引领全球科技发展的深层原因。

1. 美国促进科技成果转化的法律法规

为了加速科技成果向产业化转化的过程，提升美国的整体国力和竞争力，20 世纪 80 年代以来，美国陆续颁布了一系列法律法规，旨在确保科研成果转化和技术开发等政策的有效实施（表 2-1）。主要包括 1980 年由美国国会通过并颁布的《专利和商标法修正案》（即《拜杜法案》）和《史蒂文森-威德勒技术创新法》；1982 年制定的《小企业技术创新法》；1984 年颁布的《国家合作研究法》；1986 年出台的《联邦技术转移法》及之后陆续出台的《国家竞争力技术转移法》《国家技术转让与促进法》《技术转移商业化法》《开启未来：迈向新的国家科学政策》《走向全球——美国创新的新政策》等。另外，为了使科技成果转化适应市场经济规则，建立有序的市场竞争秩序，美国还制定了一系列关于知识产权保护的法律法规。这些法律法规的制定和实施，为美国的科技成果转化工作创造了稳定的制度环境，奠定了牢固的政策基础。

表 2-1　美国科技成果转化相关法案

年份	法案	主要内容与作用
1980	《拜杜法案》（“Bayh-Dole Act”）	通过专利制度来激励企业参与联邦政府资助的科研项目，以提高科研成果的转化率，旨在促进商业企业和非营利组织之间的合作。此举包括大学与其他非营利组织之间的协作，旨在确保非营利组织和小企业的发明能够以促进自由竞争和企业发展的方式被广泛使用，并推动发明的商业化。主要解决了技术成果初始权利归属和技术成果权利管理规制这两个问题
1980	《史蒂文森-威德勒技术创新法》（“Stevenson-Wydler Technology Innovation Act”）	要求联邦政府实验室积极促进将其拥有的发明和技术转让给州政府、地方政府以及私营部门。各联邦政府实验室被要求将一定比例的研究开发预算用于支持转让活动，并设立研究和技术应用办公室以推动这一转让过程
1982	《小企业技术创新法》（“Small Business Innovation Development Act”）	要求每个研究与开发预算达到或超过 1 亿美元的联邦机构按预算比例拨出资金，用于资助小企业的创新研究工作，以激励企业加大研发力度，促进技术创新，尤其是提高政府对高技术小企业具有潜在商业化价值的研究项目的资助金额
1984	《国家合作研究法》（“National Cooperative Research Act”）	允许两家以上的公司联合进行同一竞争研发项目，并支持设立由大学和产业界组成的技术转移联盟，通过法律手段鼓励知识生产者和使用者合作
1986	《联邦技术转移法》（“Federal Technology Transfer Act”）	主要法律目的在于建立联邦实验室与企业合作研发的机制，加速推动技术转移和商品化。规定每家联邦实验室必须设立研究与技术应用办公室，负责技术转移、推广信息和支持服务，并将技术转移列为联邦实验室雇员绩效考核的一项指标。此外，对联邦政府雇佣的科研人员，规定了职务发明专利的技术转移收入提成。参与联邦实验室合作研究的企业享有成果权，以此激发企业对联邦实验室技术成果的积极投资

续表

年份	法案	主要内容与作用
1988	《综合贸易和竞争力法》（“Omnibus Trade and Competitiveness Act”）	提出将加强科技成果推广转化作为提高企业竞争力的主要措施，并通过美国商务部国家标准与技术研究院建立了多项新计划，如制造技术中心，以协助中小制造商提高竞争力。此外，将商务部国家标准局改名为国家标准与技术研究院，并委托其主导联邦实验室技术转移联盟建设，拓展了其在技术转移工作中的作用
1989	《国家竞争力技术转移法》（“National Competitiveness Technology Transfer Act”）	修正了《史蒂文森-威德勒技术创新法》，允许政府拥有或承包者经营的实验室参与合作研究与开发协议。强调了联邦政府和研究机构对推广转化的责任，消除了不合理的推广转化障碍，通过加速联邦资助技术成果的推广转化，提高了美国经济的国际竞争力
1991	《美国技术卓越法案》（“American Technology Preeminence Act”）	要求联邦实验室联盟在提交国会和总统的年度报告中包含独立年度审计，将知识产权视为合作研发协议（CRADA）之下的潜在贡献，允许知识产权在CRADA的参与方之间进行交换，并允许联邦实验室主任将多余的仪器捐赠给教育机构和非营利组织

注：参考施利毅等①整理。

通过制定一系列法律法规，美国对推动科技成果转化过程中的各个方面都进行了详细规定，特别是涉及政府相关部门的职责。这些法规明确了国家实验室、大学、科研院所、企业和个人在研究成果的商标、专利注册、知识产权归属等方面的权责关系，并规范了科技信息中心的设立、国家科技基金的资助范围和对象，以及国家对科研人员奖励政策的

① 施利毅，颜卉．国际科技孵化器创新项目高效推进机制研究［M］．北京：经济管理出版社，2022：39-40.

法律依据。特别值得注意的是，《拜杜法案》的修改，改变了过去政府资助项目研究成果知识产权归政府的规定，使得研究成果的全部知识产权归项目完成单位所有。自1980年以来，这一变化激发了大学、科研机构和大企业申报政府资助的研究项目的积极性，推动了技术成果的市场化流动、技术交易和技术转移，有力促进了美国产业发展所需技术的研发进程。公开资料显示，1978年以前，美国在生物技术方面的科研成果转化效率仅为5%，与英国、日本等在生物科技创新上领先的国家相比，存在显著差距。然而，20世纪90年代初，美国的生物科技领域成果转化效率激增至80%，仅用了大约十年时间就实现了显著的飞跃。这一成就主要得益于《拜杜法案》的实施①。此外，数据表明，1996—2015年期间，由《拜杜法案》促进的授权活动对美国国内生产总值（GDP）作出了接近5910亿美元的贡献。特别是在2016年，美国新成立了超过1000家与医疗领域相关的创业企业，这些公司向市场提供了近800种源自大学研究的商业化药物，以满足患者的需求②。《史蒂文森-威德勒技术创新法》和《联邦技术转移法》的实施，在国家层面为美国建立和完善促进科技成果转化与技术转移的组织体系提供了支持，为科研机构和研究人员参与科技成果转化与技术转移活动提供了动力。《小企业技术创新法》的实施鼓励科技人员进行创新创业活动，增强了小企业与大学、科研机构合作开展新技术研发的信心。《国家合作研究法》放宽了对技术合作的限制，提高了企业尤其是中小企业进行技术研发和技术转移活动的积极性，为其与大学、科研机构建立长期技术合作奠定了法律基础。2000年修订的《技术转移商业化法》强化了利益驱动机制，同时强化了对科技成果转化与技术转移效果进行评估的法律责任。这一修订调动了

---

① 动脉橙果局. 10年内让美国科研转化率从5%飙升至80%，这部法案做对了什么？[EB/OL].(2022-01-06)[2024-02-19]. https://baijiahao.baidu.com/s?id=1721080879972178515&wfr=spider&for=pc.

② 同上。

科研机构、国家实验室和科技人员参与科技成果转化与技术转移活动的积极性，同时增强了机构与个人的责任意识。

2. 美国促进科技成果转化的基本政策

从宏观上可以将美国促进科技成果转化的基本政策划分为四类：

为大学提供充足的科研经费的政策。美国的大学在进行基础研究和科技成果转化方面扮演着重要角色，而其获得政府科研经费的途径主要有三种。第一种途径是基于项目的竞争性研究经费。这一类经费主要由美国国家科学技术委员会和美国国家科学基金会等六大部委设立的科研项目拨款提供，由大学通过竞争性申报获得。这部分经费主要流向美国 450 所具有研究能力的大学，其中最具实力的 100 所研究型大学，如哈佛大学等，获得了 80%以上的经费份额。美国政府每年投入科研经费约 1500 亿美元，其中超过一半用于基础研究。第二种途径是政府直接拨付的委托代管国家实验室的实验费用。然而，这一途径只对部分大学开放。第三种途径是地方州政府对所在地有研究能力的公立大学的拨款，用于科研项目。这部分资金属于州政府的公共科研投入。这三种途径所获取的经费中都包含一定比例的科技成果转化费用，为大学进行科技成果转化提供了必要的支持。

金融及财税优惠的政策。为了维护企业的科技成果转化与技术开发，美国政府通过设立风险投资基金，实施贷款担保、信用及风险担保、低息贷款等措施，为企业提供经费支持。这些措施鼓励成果研发者创办新企业，同时支持企业积极进行创新活动和新产品开发。例如，特斯拉公司依靠政府提供的 4.65 亿美元低息贷款，在短时间内成功研发出风靡欧美的特斯拉 Model S 电动汽车。此外，美国政府还为承担科技成果转化的企业提供税收优惠待遇，以进一步鼓励企业投入创新活动。这些财政和税收政策措施共同构成了美国政府全方位的支持体系，推动了科技成果的实际应用和企业的创新发展。

重视开展科技成果信息服务的政策。要求科技成果管理机构和研发者充分利用互联网技术，及时向企业和社会各界提供各类科技成果信息，以促进科技成果产业化和商业化。例如，美国政府设立了国家技术信息服务局。作为最具权威性的科技成果信息服务机构之一，该机构利用庞大先进的计算机网络平台，迅速将政府支持的700多家国家实验室、研究机构和大学研发的具有生产应用和商业开发前景的科技成果信息推介给社会各界和企业。这有助于企业和社会各界及时了解各类科技成果信息的内容。同时，国家技术信息服务局还发挥在科技成果转化方面的牵线搭桥功能，协助企业寻找解决技术难题的科技人才。这一政策措施强调科技成果信息的广泛传播和企业与科技人才的紧密连接，有助于加速科技成果的实际应用和推动科技成果转化。

积极开展国际合作的政策。在全球科技和经济一体化的背景下，美国政府积极应对这一趋势，着力促进国内科技成果的有效转化。为实现这一目标，美国政府充分利用国外的优势资源，选择合适的成果转化机构，并展开国际合作，推动美国国内科技成果进入国际市场，发挥商业潜力，缩短转化周期，提升效率。当前，美国政府支持的通过国际合作转化科技成果的途径主要有四种：一是政府间的合作，通过与其他国家签署协议，政府相关部门确定双边合作转化的成果项目；二是企业自主进行的跨国合作转化，例如，美国通用与日本丰田、日产和德国大众等汽车企业之间的合作项目涉及新能源汽车技术和电动汽车电池研发成果的转化应用；三是民间开展的成果转化合作，主要涉及大学、私人研究机构或个体科学家之间的成果转化应用合作；四是合作双方联合建立实验室、研发中心或企业，共同进行成果的转化应用。需要注意的是，美国政府对跨国合作中科技成果的内容和技术层级有着明确的政策限制。

2.1.2 机制

2013年，美国政府发布了《加速联邦研究成果技术转移和商业化，为企业高增长提供支持》备忘录，旨在加强科技成果的转化工作。备忘录强调了科研机构，尤其是国家实验室在研究成果走向市场的过程中的责任。以下是备忘录中提出的一些新措施：

1．研究成果转化中的技术再开发

考虑到科技日新月异、产品生命周期缩短的现状，政府要求科研机构和实验室对科技成果的转让承担二次研发甚至持续研发的责任。这有助于解决企业由产品更新换代导致的成果转化开发成本损失的问题。

2．探索合作伙伴式的成果转化新途径

为适应不同领域科技的交叉和融合，政府要求不同领域的科研机构和实验室加强合作，为企业提供多方合作的技术支持，确保涉及多领域的科技成果转化任务顺利进行。

3．充分发挥互联网平台作用

政府提倡科研机构通过互联网平台向企业和社会介绍自己的研究成果、设备和人才队伍。这有助于企业通过互联网更深入地了解不同机构的科技资源，快速找到所需的成果与技术信息。

4．大力支持小型企业

政府强调对小型企业的支持，希望发挥小型企业在技术创新方面的灵活性和高效性，以加速科技成果的转化和新就业岗位的创造。政府特别看重小型企业在创新方面的潜力，期望它们能够为科技进步和经济发展作出更大的贡献。2022 年，美国国防部宣布将采取一系列措施，以突破在前沿技术创新和成果转化方面的障碍，并加速这些领域的发展。目前，该部门正在对现行流程进行评估，计划逐步建立和完善使小型企业能够向国防部提供创新解决方案的通道和流程。此外，国防部把如何更有效地利用小型创新型科技企业，以及包括专注于人工智能等新一代信息技术的创新思路，作为未来工作的一个重点领域。

5．提高科技成果转化效率

为提高工作效率，政府要求简化管理部门的工作程序，纠正拖沓作风，确保及时为企业提供科技成果应用、新技术和新产品开发的服务。各部门也进行了工作流程的审查和改进，以提高办事效率。

这些新措施的制定和实施，旨在更好地适应科技发展的变化，推动科研成果向实际生产和市场转化，促进经济社会发展。政府通过各项具体措施，力求在科技成果转化方面创造更加高效灵活的工作机制，以促进更多科技成果的商业化流动和应用。

2.2 主要机构

美国的科技成果转化工作由多个政府部门和机构共同承担。主要的机构包括商务部、美国专利商标局（USPTO）、国家技术转移中心（NTTC）、联邦实验室技术转移联盟（FLC）、国家标准与技术研究院（NIST）、国家电信与信息管理局（NTIA）、国家技术信息服务局（NTIS）、国家科学技术委员会（NSTC）及国家产业技术委员会等。每个机构在科技成果转化方面都有不同的职责。

国家技术转移中心：成立于1989年，主要负责整理和推广国家实验室、大学和科研机构的研究成果。通过在全国设立6个技术转移区域中心，加强本区域的技术转移工作，为承接成果转化与应用的单位提供服务，如技术咨询、专题培训、市场评估等。

国家技术信息服务局：主要任务是收集、加工、储存和传播政府各部门产生的非保密性技术报告，以及其他形式的科学、技术与工程信息。

国家产业技术委员会：是负责监督科技成果转化工作的机构。

美国推动科技成果转化的主要方式包括：

政府设立科技成果转化与技术开发项目。通过这些项目，政府支持和鼓励企业，特别是小型企业，积极应用最新科技成果，开发新产品。

政府在不同领域设立了多个项目，如“小型企业创新项目”“制造技术推广伙伴项目”等，以推动科技成果的转化。

建立科技园区。鼓励研究型大学和科研院所建立科技园区，通过孵化小型企业，将研究成果直接转化为具有商业价值的新产品。硅谷就是一个成功的例子，展示了产学研结合的模式。

专利成果转让。通过国家技术转移中心将专利成果转让给有需要的企业，使企业能够开发并应用于生产。这包括将专利成果一次性转让、以折价入股的方式合作开发、研发者创建新企业等方式。

国际合作。通过与国外同行业、同领域的合作伙伴进行国际合作，实现科技成果的转化。这种方式有助于缩短转化周期，扩宽国际视野，提高效率，并帮助美国企业拓展国际发展空间。

这些方式的综合应用，旨在更好地适应科技发展的变化，促进科研成果向实际生产和市场转化，促使科技推动经济社会发展。

2.3 典型案例

2.3.1 AUTM

AUTM，即原北美大学技术经理人协会，是一个旨在推动高校科研院所知识产权管理与技术转移的国际组织。AUTM 的使命为促进大学与企业之间的技术转移，是全球科技成果转化的推动者，为社会发展作出贡献。AUTM 明确的价值观、机构使命及发展目标，奠定了其在科技成果转化领域的领导地位。“技术经理人”这一概念即起源于 AUTM。2018 年，我国国务院正式认可技术经理人的概念，并将其纳入国际合作与人才培养的重要议程。

AUTM 的发展起源于 20 世纪 70 年代的大学专利管理协会（SUPA），在 1980 年《拜杜法案》颁布后改名为北美大学技术经理人协会。2018 年，AUTM 宣布保留其品牌与机构名称，但不再代表任何全称的缩写。AUTM 的核心目标和使命包括支持和推动全球技术转移发展，并以“Making a Better World”为口号。

AUTM 的成员网络包括 3000 多名专业会员，均为技术经理人，服务于全球 800 多所高校、科研机构、研究型医院、创新企业和政府组织。通过 AUTM，这些会员可以与产业合作伙伴紧密合作，将创意转化为市场机遇和价值。AUTM 每年促成数千种产品的创造和投产，同时提供技术咨询与初创服务。AUTM 强调技术转移能够改善社会民生，倡导其会员参与技术转移的全链条工作，包括知识产权保护、技术许可、技术创新和创业。

AUTM 设立的战略目标包括发展会员、成为技术转移的倡导者等。为实现这些目标，AUTM 提供各类专业发展计划，如培训、年会、区域会议等。AUTM 通过搭建平台，如全球年会和全球技术门户（Global Technology Portal，GTP），为大学和企业之间的合作提供便利。AUTM 每年发布的大学技术转移统计数据，成为全球范围内技术转移领域衡量效果的标准。

总体而言，AUTM 作为全球科技领域的领导者，为技术转移的发展和全球治理提供了有力的支持①。

2.3.2 美国 Yet2 技术服务与交易平台

Yet2 公司成立于 1999 年，由 Venrock 公司、3I 集团、杜邦、宝洁、

① 中国国际科技交流中心．2020 全球百佳技术转移案例 16：AUTM（原北美大学技术经理人协会）[EB/OL]．(2021-01-20)[2024-02-19]．https://www.ciste.org.cn/gjjsmy/gjjsjylm/art/2023/art_b9406699021a4517aeb89ffc58f625a8.html.

霍尼韦尔、卡特彼勒、NTT 租赁、拜耳和西门子等共同投资创建。公司致力于提供来自全球各产业的技术供应信息，以满足企业、组织和研究人员的技术需求。作为一个开放创新服务型的全球性技术交易平台，Yet2 的主要业务包括全球技术授权和知识产权专业服务，通过提供咨询服务，帮助全球技术交易者实现准确、迅速的交易，促进技术发展，开创企业和全球产业的创新新时代。

1. 服务内容

Yet2 汇聚了超过 9 万名技术专家，通过帮助客户筛选项目，敏锐捕捉技术供需信息，进行技术价值评估，为客户筛选技术投资机会，促进客户成长。公司不仅为其他大公司和投资者提供创业公司项目和新技术，还帮助中小企业商业化新技术和项目，寻找联合或资助开发的伙伴，搭建技术供求的桥梁，促进新技术和创意的推广和商业化。

（1）技术供应服务：Yet2 协助企业进行技术估值、鉴别技术内在价值，找出最有价值的知识产权组合，并进行全球性的技术披露与销售，提高交易成功率。

（2）技术需求服务：公司通过技术价值评估，帮助企业了解真正的技术需求，找出技术核心竞争力，并借外部技术满足公司技术上的迫切需求。

2. 主要业务

公司通过自身技术侦察和审查为客户提供创业公司和新技术的信息。Yet2 主要提供开放创新咨询服务、技术搜索服务、技术授权服务、开放创新门户管理服务和专利交易服务。

3. 机构特色

（1）数据库和大数据技术的应用：Yet2 重点在线下完成工作，通过建设庞大的数据库，整合资源和社交媒体，实现对全球技术信息的快速筛选和匹配。

（2）标准化流程：公司执行方法可能因项目而异，但操作步骤是标准化的，确保与市场机会和技术提供商的接触是有针对性的。

（3）积极的对外合作扩张战略：Yet2 通过与全球知名企业和技术转移机构建立合作关系，形成业务合作联盟，迅速扩大其在市场的影响力，并积累了大量行业情报。公司还注重与科技创新平台、知识产权顾问公司等进行战略合作。

以上这些特色使得 Yet2 成为全球范围内具有影响力的技术交易平台①。

2.3.3 美国概念证明中心

美国概念证明中心（PoCCs）是一种通过提供种子资金、商业顾问、创业教育、孵化空间和市场研究等支持，促进大学科研成果商业化的服务组织。经过十几年的发展，PoCCs 在消除科技成果市场化障碍方面取得了显著成效，实现了大学科技与产业的协同发展。

1. 运行特点

政府的政策引导：美国政府通过政策引导支持 PoCCs 的发展，例如，美国前总统奥巴马推行的“i6 绿色挑战计划”为 PoCCs 提供了资金支持。

多元化资金保障：PoCCs 的启动资金来源多样化，包括私人捐赠、本校收入、联邦基金、州政府资助和基金会等。

提供种子基金：PoCCs 主要为处于早期阶段的科研项目提供种子资金，帮助其评估商业潜力，支持科研人员对产品进一步开发。

市场顾问与培训：提供市场顾问与培训服务，通过论坛和组织活动

---

① 中国国际科技交流中心. 2020 全球百佳技术转移案例 30：美国 Yet2 技术服务与交易平台[EB/OL].(2021-04-22)[2024-02-27]. http://www.ciste.org.cn/gjjsmy/gjjsjylm/art/2023/art_512b209edc7e4357902c89c243199e75.html.

的形式为大学科研成果转化提供多方面的培训服务。

创业培育与教育：参与创业教育，联系导师对技术商业化全程进行指导，并通过开设相关课程传授创业知识。

2. 运营特征

促进大学创新者与产业界相互作用：PoCCs 促进大学创新者与产业界的相互作用。

通过同行评审选择项目：PoCCs 通过同行评审选择有商业前景的科研项目，并为其提供资金支持和商业化评估，促进科研成果转化。

支持培育学生和研究人员：PoCCs 通过创业教育支持培育学生和研究人员的企业家能力，帮助其了解科技成果市场化的运作过程。

举办专门活动促进交流：PoCCs 通过举办专门活动展示技术和企业家风采，促进创新者交流思想和形成新合作。

3. 案例

加利福尼亚大学圣地亚哥分校冯·李比希中心通过提供资金支持、技术咨询服务和创新人才培养，加速科研成果初期转化，培养创业型研究生，支持创新团队，创建新公司。

总体而言，PoCCs 通过提供综合性的支持服务，促进科研成果从实验室走向市场应用，解决大学技术商业化过程中的资金、资源、技能、信息不对称和激励政策等问题，并取得了显著成效①。

① 国际科研成果转化模式：美国概念证明中心模式[EB/OL].（2021-03-15）[2024-03-28]. http://www.ctp.gov.cn/jssc/gjjy/202103/b3429128b9d7492bac2c09793f977246.shtml.

2.4 对中国的启示

1. 完善国家科技体制，科学制定科技政策，促进科技发展

我国应逐步完善国家科技体制，通过对科技管理机构的改革提高科学决策能力。在这一过程中，重要的是将我国科技体制中的“国家主导型”逐步调整为“企业主导、国家指导型”。通过制定适当的政策，引导企业和私人资金对创新项目进行投资，鼓励企业的研发工作，确保企业在我国研究开发中发挥主导作用，而政府的支持应更多地体现在法律、规章制度、税收优惠和研究开发资助方面。

2. 建立鼓励创新主体相互合作的法律制度，规范政府在科技成果转化中的法定职责

在法律体系方面，美国政府的扶持政策有效地推动了科技的发展和成果的推广转化。从美国的情况来看，值得我国借鉴的经验有：①建立鼓励创新主体相互合作的法律制度，例如，美国颁布的《联邦技术转移法》授权联邦科研机构与企业的科研机构开展合作研究，不仅鼓励美国国内各层次科研力量的合作，还鼓励高新技术的国际合作；②规范政府在科技成果转化中的法定职责，例如，美国国会通过的《技术革新法》明确指出联邦政府对国家投入的研究与发展成果的转化负有责任，要求政府部门推动联邦政府支持的高新技术向地方政府和企业转移。所以，我国应健全鼓励创新主体相互合作的法律制度，规范政府在科技成果转化中的法定职责，更快地促进科技的发展和成果的推广转化。

3. 促进科技信息社会化，加强信息网络和数据库建设，以实现价值最大化

美国科技成果的信息服务是比较完善的。美国的法律和政策要求最大限度地传播和使用政府信息，使信息对整个社会实现价值最大化。不同层次的信息服务机构，均为科技成果的公开、转化提供了便利。在我国，政府部门掌握80%以上有价值的社会信息资源，以及数千个非常有价值的数据库，政府信息具有准确性、全面性、权威性。但我国目前还没有明确提出“国有信息资源”这样的概念，缺乏数据生产和数据消费的公平机制，尤其缺乏相关具有强制力的法律和政策。所以，需要采取有效手段“盘活”这部分信息，实现政府信息资源的市场价值。应促使政府信息最大限度地为社会服务，对外开放（保密信息除外），并真正实现政府各部门之间、政府与社会各界之间的信息互通，营造有利于信息服务业发展的大环境，从而带动整个社会生产力的发展。

另外，要提高科技成果管理水平，尤其是转化的效率，加强信息网络和数据库建设。我国应借鉴美国的经验，完善科技成果的高速信息网。信息网资料应准确、完善，并方便使用，不仅可以供高校、研发机构等的科研人员在科研立项前利用这些信息拟定研发方向和协商合作研究事宜等，也可为科技成果的传递、扩散、交流提供畅通无阻的网络环境和丰富完备的信息资源支持。

4. 通过完善立法保障科技评估工作

美国的科技评估是有立法保护的，美国国会一级的有关科技评估机构的作用功能、权利和责任都有明确的法律规定，新的科研计划项目一经批准就会以法律形式固定下来。目前我国的科技评估还没有明确的法律法规支持，只有科技部发布的《科技评估管理暂行办法》从评估类型和范围、管理、评估机构和人员、评估程序、法律责任等方面作了具体规定。在这方面，我国可以借鉴美国的经验和做法，通过完善立法，把科技评估工作和对政府财政支出的绩效监督工作结合起来，使科技评估工作走上制度化、规范化和经常化的道路①。

① 美国的科技成果管理研究及对我国的启示[EB/OL].(2013-12-17)[2024-02-19]. http://www.chinatorch.gov.cn/jssc/gjjy/201312/078ad5cc2d3c4a1fa11ef34d9c651ac3.shtml.

5. 完善激励制度，优化成果权益分配机制

首先，扩大产权激励对象范围，从而合理评估赋权发明人或其他主体的各种方案。建立多方参与的科技成果转化评估体系，包括政府、高校、企业、科研机构和中介机构等，评估时应全面考虑各方的目标、利益、投入和风险承担水平，确保决策综合到位。建立差异化的所有权配置，根据各方在科技成果转化中的实际贡献，以及考虑各方的投入情况、创新贡献和风险承担水平，灵活配置产权比例，以确保公平和合理性。建立风险分担和保障机制，考虑参与科技成果转化的各方在其中的风险承担情况，在有贡献的情况下，通过奖励机制降低各方的转化风险，提高其积极性。

其次，完善成果权益分配救济程序，及时纠正不合理的分配结果。成果权益分配涉及复杂的价值判断，难以得出确定结论，因此，应通过正当程序解决这些复杂的价值问题。强调分配过程的程序正义，其中至关重要的是建立健全科技成果权属分配的救济程序，让不积极合作者承担相应代价，奖励积极贡献者。不积极合作者包括不履行财政资助科技成果转化义务的权利人以及阻碍财政资助科技成果知识产权转化的其他私权主体。对于这些浪费或损害国家科技财政资源的行为，必须严肃批评并予以适当惩罚。对于未履行转化义务或阻碍科技成果转化的财政科研项目承担者，政府应要求其允许他人转化相关成果，并限制其继续申报国家资助的科研项目；而对于阻碍财政资助科技成果知识产权转化的其他私权主体，应要求其就具体阻碍行为承担法律责任。此外，还应建立成果转化信息公开、行为评价、异议申辩等机制，以确保救济机制的及时性和公正性①。

① 王影航．“拜杜规则”的全球困局与中国方案［J］．华南理工大学学报（社会科学版），2022，24（4）：44-54.

03

德国科技成果转化实践与经验

作为一个具有悠久工业历史的国家，德国的国家创新体系经过长时间的发展，形成了具有德国特色的模式，这一点在其科技成果的转化过程中也得到了体现。德国拥有结构明确的公共科研机构体系、高度重视创新的企业集群及良好的产学研协作机制，这些因素共同为其科技成果的高效转化奠定了坚实的基础。尽管德国并没有专门针对技术转移或科技成果转化的法律，但是其国家创新体系确保了政府、产业、学术和研究机构之间形成紧密的联系和顺畅的创新链条，避免了人为的阻碍，从而使科技和经济的融合一直保持较好的状态①。本章将对德国科技成果转化的实践与经验进行梳理、分析、总结，分别对相关政策法律、机制，主要机构及典型案例（亥姆霍兹联合会）进行详细介绍。

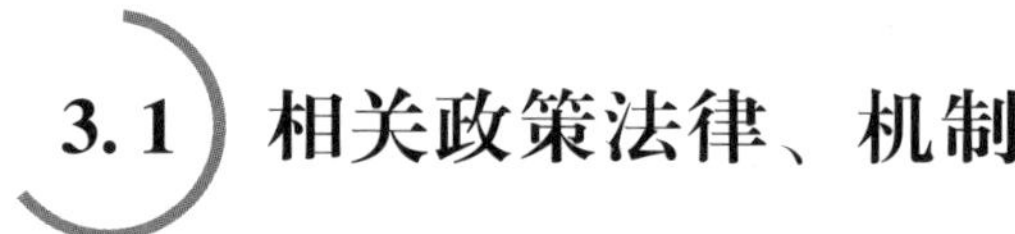

3.1 相关政策法律、机制

3.1.1 相关政策法律

德国是最早实施知识产权保护的国家之一，具备完善的知识产权法律框架。除了与科技直接相关的法律，如《专利法》等，德国的其他法律中也包含了促进科技成果应用和保护的相关条款。在司法层面，德国对知识产权保护采取了强有力的措施，司法部门更倾向于采取对知识产权优先保护的立场。在知识产权侵权案件中，德国法官在处理证据充分且紧急性高的案件时，会采用诉前禁令的方式迅速裁定侵权方停止侵权行为，实现对知识产权持有方的紧急保护。德国每年在专利领域采取诉

---

① 周华东. 德国科技成果转化的经验及其对我国的启示[J]. 科技中国，2018(12)：22-26.

前禁令的案件在 100 件左右，采取诉前禁令的商标侵权案在 1000 件左右。

在知识产权法方面，2002 年，德国修改了《雇员发明法》，将发明所有权从科研人员转移到科研机构，以促进大学科研成果的商业化和政府资助成果的转移运用；同时，规定了大学等公共科研机构应向职务发明人支付专利实施纯收入的 30%作为报酬①。

此外，德国政府采取了多项政策措施，如与应用型科研院所绩效挂钩的经费资助政策、创新集群政策、产学研结合的双元制教育等，以营造有利于科技成果转化的政策环境。

3.1.2 机制

在科技成果转化机制方面，德国企业在长期的发展中形成了强大的技术吸收能力。创新已成为德国工业企业的必然选择，德国的创新型企业占比约 67%，处于世界领先水平。德国企业高度重视创新，持续进行研发和创新活动。德国企业，尤其是中小企业，十分重视与公共科研部门的合作，保持创新竞争力。

在数字化改造方面，德国推进中小企业的数字化改造，建立了中小企业数字化中心，提供各项服务，加速了中小企业数字化的进程。此外，德国致力于将大数据变为智能数据，通过智能数据创新实验室等平台推动产学研合作，对大数据进行智能化处理。德国还通过建立可识别、可交换的共同标准，规范计算机辅助工业设计，促进企业间数据交换和技术规范的统一。在汽车等行业，德国推动了行业制造指导书的制定，形成行业制造的质量管理标准。

---

① 邵永发，贺广红. 创新德国：德国信息化工业化融合发展及科技园区建设的启示与借鉴[J]. 长江论坛，2017（6）：23-28.

3.2 主要机构

第二次世界大战后，德国对国家公共科研体系进行了重塑，通过建立差异化功能定位的科研系统布局，形成紧密匹配、互补的研发链，推动科技成果沿创新链逐步走向成熟。

在联邦层面，四大国立科研机构——马普学会、亥姆霍兹联合会、莱布尼茨联合会和弗劳恩霍夫协会，各自拥有清晰的功能定位，从基础研究到大科学研究再到应用技术研发，形成了完整的科研体系。其中，弗劳恩霍夫协会作为面向产业的应用技术研发机构，在德国全境设有 67 个研究所，成为推动技术熟化开发的国家级平台。

在州层面，各州根据本地产业需求建立了一批面向产业的应用型技术开发机构，如巴符州的 12 家应用技术研究所。高等教育机构也实现了功能区分，研究型大学主要侧重于基础前沿研究，而面向产业的应用技术院校，如亚琛应用技术大学，则专注于为产业提供应用型技术开发和人才培养服务。

德国的公共研发体系层层推进知识生产，为产业提供可应用、易接受的知识产品，成为德国企业技术创新的重要源泉。2014 年，德国高校和科研院所从企业获得的经费分别占其全部研发经费的 14%和 11%，在发达国家中居于最高水平。

3.3 典型案例

亥姆霍兹联合会是德国研究中心的主要组织之一，代表着德国的国家科技研究形象，其每年获得的科研经费超过 34 亿欧元，相当于德国其他三大科研团体每年所获科研经费的总和。该联合会主要在能源、地球与环境、医学健康、航空航天与交通、关键技术、物质结构六大领域进行前沿性研究，以解决社会、科学和经济面临的挑战。

1. 亥姆霍兹联合会的管理体制

亥姆霍兹联合会通过运行大型科学研究基础设施及装备，与全球科学家密切合作，开展协调一致的研究，将研究和技术发展与未来创新应用相结合，致力于塑造社会的未来。包括理事会和成员单位委员会等，由外部成员和联合会内部成员组成，负责决策和项目资助。

经费支持：亥姆霍兹联合会 70%的研究经费来自德国政府，其预算总金额在 2018 年已达到 45 亿欧元。其余 30%横向经费来自其他国家机构和私营机构，其中 20%由各研究中心自行调配，用于内部项目研究。

组织构架：亥姆霍兹联合会的组织结构包括理事会、执行委员会、成员单位委员会及其他相关机构（图 3-1）。理事会由外部成员和内部成员组成，负责审议并决策联合会的重要事务，包括选举主席和副主席。融资伙伴委员会的职责包括提名理事会成员、制定研究政策指南，并根据项目经费资助计划提供财政支持。理事会委员会负责向理事会提交项目资助建议报告。执行委员会由 1 名主席（专职）、8 名副主席和 1 名总经理组成，负责全面领导联合会、执行项目导向资金的分配建议、协调项目发展规划，并监督跨中心的项目合作。总经理是协会行政事务的特别代表，管理总部及国际办事处。成员单位委员会由 19 个研究中心的科

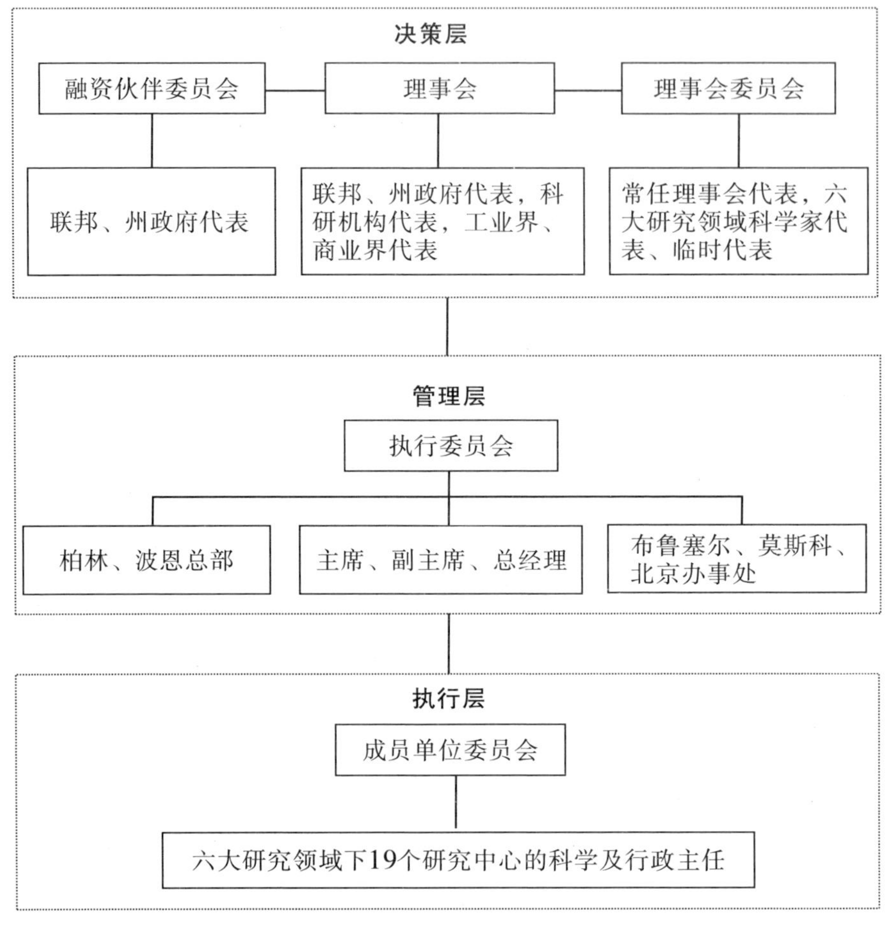

图 3-1　亥姆霍兹联合会的组织框架①

学及行政主任组成，负责执行所有研究任务、制定项目合作框架、提出划分研究领域的建议，还有选举六大研究领域的协调员的权力。

法律框架：亥姆霍兹联合会是一个注册会员制机构，目前的会员有17 家有独立法人资质的科研中心和 1 家非独立法人中心。该联合会通过

① 张虹冕，赵今明. 德国亥姆霍兹联合研究会建设特点及其对我国的启示[J]. 世界科技研究与发展，2018, 40(3): 290-301.

《赫尔曼·冯·亥姆霍兹德国国家研究中心联合会章程》管理其研究活动，明确联合会各方面的权利和责任。章程规定了会员的加入流程、会员费用、理事会、融资伙伴委员会、主席等方面的事项。政府创建和自主管理的模式使得联合会在组织管理、人事管理和财政管理等方面具有相当大的自主权。

项目管理：亥姆霍兹联合会采用项目导向资助模式，通过评估小组的评估结果决定经费分配。研究中心通过跨中心、跨学科的科研计划项目竞争获得资助，打破了过去独立开展科研的封闭模式，鼓励竞争与合作，有利于解决科学、社会和经济方面的复杂问题。

评估监督：自2004年以来，亥姆霍兹联合会的研究活动被划分为30个研究专题，每5年进行一次评估。评估小组由10~15名专家组成，评估内容包括研究项目的战略意义、科研质量、应用前景、技术转让情况、人才管理等多个方面。评估结果将为联合会提供经费分配建议，协助研究中心调整战略规划。评估的重点是确保研究的先进性、对社会的战略重要性，以及与长期战略合作伙伴的关系。

2. 亥姆霍兹联合会的大型科研设施运营

亥姆霍兹联合会的各研究中心共有35个大型科研基础设施，涵盖粒子加速器、超级计算机、反应堆、科学研究船等。为了明确这些设施的使用规划和发展方向，联合会制定了亥姆霍兹研究基础设施路线图。该路线图详细介绍了每个设施的建设使命、研究方向、使用前景等信息，并公布了每个设施的投资总成本、年运营成本、建设及调试时间等详细信息，为设施的投资、建设、运营、评估和发展提供了规划基础。用户获得这些科研设施使用权的步骤为：

（1）提交使用科研设施的提案。用户在规定时间内提交使用科研设施的详细提案。

（2）评议科学价值。国际专家小组对提案的科学价值进行评议，确保提案具备高水平的科研价值。

（3）合理分配使用时间。根据专家评议结果，合理分配用户使用科研设施的时间，确保公平竞争。

（4）发表研究结果。用户可以免费使用科研设施，但需要将实验结果发表于同行评议的期刊或者编写等效论文。在论文申明中需标注科研设施的名称和运营者信息。

（5）填写实验报告。用户在完成实验后，需要在联合会提供的用户办公系统中填写详细的实验报告，以便对实验过程和结果进行记录。这有助于联合会对设施的使用情况进行监管和评估。

3. 亥姆霍兹联合会的科技成果转化工具

亥姆霍兹联合会采用一系列嵌入式“转化工具”来推动科技创新的不同阶段的进程，包括基础研究、应用研究、试验研究、市场进入。其中，交流对话平台是科技成果转化工具的关键组成部分，包括首席技术官圈、研究日、创业日、创新日等。

首席技术官圈是一个定期与商业界进行高水平对话的平台，旨在促进联合会研究中心主任、企业主席、大学和非大学研究机构代表之间的讨论，涉及研究课题、行业趋势和创新基础条件。

研究日旨在使企业深入了解亥姆霍兹联合会的研究项目，并促进可能的项目合作和技术许可。此活动通常在企业举办，为企业提供更深层次的了解和合作机会。

创业日和创新日由德国四大国立科研机构联合设立。创业日旨在为有意向创业的科学家提供关于企业成立的相关辅导信息，并获取已成功创立企业的科学家的建议。创新日是一个拥有约 300 名成员的交流平台，成员包括应用研究科学家、技术转让专家、企业研发人员和风险投资公司代表，每年从德国四大国立科研机构选取一个主题进行合作与探讨。

亥姆霍兹联合会的科技成果转化政策资金工具包括创新基金、中试基金和企业计划等。创新基金用于保障和激励技术转让活动，由各研究中心的技术转让办事处进行预算管理。中试基金则帮助科学家评估科研成果的商业价值，并提供融资支持。企业计划资助科研团队成立高技术企业，为其提供财政支持，用于人事管理、商业计划咨询、专利和市场调查等，以增加创业团队的管理经验。此外，亥姆霍兹联合会在各研究中心内设立创新实验室，作为科技成果转化的实验平台。这些实验室通过物理空间内的合作，整合科学知识和客户需求，以实现科学知识的商业化。这些工具的联合使用，成功促使众多科学技术转化为实际的社会应用。

4. 亥姆霍兹联合会的科学知识转移渠道

亥姆霍兹联合会的核心使命是通过卓越的科学研究来解决社会中的关键问题。在此背景下，将获得的科学知识传递给相应的社会目标群体，并促使这些群体基于最佳科学证据作出决策变得至关重要。这一过程被称为知识转移，涉及政治、商业、教育和媒体等各个领域的利益相关者之间的知识交流。亥姆霍兹联合会的科学知识转移渠道主要包括以下三种形式：

信息咨询服务：是一种单向的知识转移，针对特定主题和明确定义的目标群体。包括向公众提供信息服务，如德国癌症研究中心的癌症信息服务；以及为政府提供咨询服务，如德国议会技术评估办公室通过与卡尔斯鲁厄理工学院的技术评估与系统分析研究所签订合同，开展合作，就科技改革等问题提供咨询服务。

双向交流：这种知识转移形式涉及双向的对话平台，专注于特定的研究方向。例如，阿尔弗雷德·魏格纳极地与海洋研究所（AWI）组织的“北极论坛”圆桌对话，旨在与联邦各部门进行双向的交流。

培训教育：此类知识转移以科学领域之外的能力发展为目标，主要通过提供学习平台、软件或教材来进行。例如，亥姆霍兹波茨坦中心暨德国地学研究中心（GFZ）的国际培训课程“地震学、数据分析和地震危害评估”专注于为易发生地震的发展中国家和新兴国家的地震学家和工程师提供培训。

通过这些渠道，亥姆霍兹联合会努力确保科学知识能够以适应目标群体需求的形式传达，并在政策制定、社会参与和教育培训等方面发挥积极的作用。

5. 亥姆霍兹联合会的战略合作

在大学设立亥姆霍兹研究所：在大学内设立的亥姆霍兹研究所被视为各中心同大学合作的“前哨站”。这些研究所与大学在特定领域开展长期的密切合作，每年可获得500万欧元的机构拨款。例如，亥姆霍兹-弗莱贝格资源技术研究所就是由亥姆霍兹德累斯顿罗森多夫研究中心与德国弗莱贝格工业大学联合成立的。

共建虚拟研究所：与大学或国际领先科研机构共建的虚拟研究所规模较小，合作方式更加灵活。通常，它们针对具体研究课题展开项目合作，每年可获得60万欧元的资助。例如，亥姆霍兹联合会成员单位于利希研究中心联合德国亚琛工业大学、德国维尔茨堡大学、中国科学院上海微系统与信息技术研究所成立的虚拟研究所——拓扑绝缘体虚拟研究所（Virture Institute on Topological Insultors）。

成立亥姆霍兹科研联盟：科研联盟的发展理念强调促进青年人才成长和提供平等机会。每个联盟的年度预算总额达500万欧元。这些联盟集结大学、亥姆霍兹研究中心和企业伙伴共同进行项目研究，旨在将成功的研究成果整合到亥姆霍兹联合会的科研主题计划中。例如，亥姆霍兹“代谢疾病的治疗环境和可视化”科研联盟由30多个德国领先的糖尿病和肥胖研究团队与赛诺菲安万特制药公司、耶鲁大学、剑桥大学联合组成。

6. 亥姆霍兹联合会的人才培养

2016年，亥姆霍兹联合会拥有38733名员工，其中科学家、科研设施工作人员、在读博士生、实习生、其他科研人员占比分别为39%、38%、13%、4%、6%。该联合会致力于创造开放的科研环境，为国际科学研究人员和青年科学家提供使用高性能科研基础设施的机会，并着重提升科研人员的管理技能，因此吸引了大量国际顶尖科研人才。人才培养渠道主要包括：

亥姆霍兹管理学院：亥姆霍兹管理学院与OSB国际咨询公司、圣加仑大学公共治理研究院（瑞士）等合作运营。IBM公司负责网络学习平台的设计。科研及行政管理人员将接受一系列组织及管理专项课程培训，以提升领导、组织、协调、应变等能力。

亥姆霍兹青年科研团队计划：该计划为博士后研究人员提供创建自己研究小组的机会。拥有2~6年博士后和海外研究经历，研究方向与联合会六大研究领域一致的研究人员可申请。每年春季，通过公开竞选，最多20个青年科研团队可获得资助。在5~6年的研究周期内，团队每年可获得30万欧元的经费，用于支付团队组长（每年6.3万欧元）及成员的薪酬。

亥姆霍兹博士研究生培养：亥姆霍兹联合会通过专题博士生班和博士研究生院进行博士生培养。专题博士生班以科研项目的形式招收优秀博士生进行专题研究，而博士研究生院则为联合会培养后备人才的摇篮，所有学生都有薪水，并由合作大学授予博士学位。2018年，亥姆霍兹联合会还成立了亥姆霍兹国际研究学院，为博士生提供参与国际科学研究的平台①。

3.4 对中国的启示

1. 完善公共科研体系布局，强化原创知识和适应性技术供给

加快建设世界一流大学与研究院所，提高原创性和前瞻性科技成果

① 张虹冕，赵今明．德国亥姆霍兹联合研究会建设特点及其对我国的启示［J］．世界科技研究与发展，2018，40（3）：290-301.

的供给水平。在经济发达省市建设非营利性产业技术研发机构，加强对其的政策引导，以填补应用型公共研发的空白。重点发展产学研结合的教育模式，促进以人为载体的成果转化。

2. 提高企业创新主体地位，提升科技成果吸收能力

引导各行业领军企业构建高水平研发机构，形成健全的研发组织体系。针对中小企业，鼓励高校和科研院所为其提供更多研发支持和技术服务，推动创新联盟等多种产学研合作模式实施。推动区域创新集群政策出台，促进企业和公共科研机构建立长期稳定的合作关系。

3. 加强转移转化体系建设，提升服务能力

鼓励建立专业化技术转移机构，畅通技术转移通道。引导发展全国性的专业科技服务机构，构建网络化科技成果转移转化平台，加强全国技术交易市场体系的建设。加强科技服务人才的培养和引进，培养职业化技术转移人才队伍。

4. 提升知识产权司法能力，强化知识产权保护

加强知识产权法律人才培育，构建与国际接轨的专业化司法队伍。推动知识产权司法审判制度创新，结合行政执法特色探索新的路径，如将诉前禁令与行政执法相结合。

5. 推动科技金融发展，加强科技型创业

壮大创业投资和政府引导基金规模，直接支持种子期和初创期创业企业。深化创业板市场改革，促进各类资本市场协同推动创新创业融资。深化科技和金融结合试点，建立全过程、多元化和差异性的科技创新融资模式，引导金融机构积极参与产学研合作创新①。

6. 注重人才管理的灵活性，形成面向全球的人才管理机制

科研机构应注重人才管理的灵活性及流动性，尽可能减少固定编制，

---

① 周华东. 德国科技成果转化的经验及其对我国的启示[J]. 科技中国，2018(12)：22-26.

引入竞争机制，促使科研人员保持创新积极性。同时，形成面向全球的人才“旋转门”机制，鼓励人才双向流动、跨国流动，支持科研人员去国内外企业、高校工作或创业，并鼓励大学教授到科研机构兼职或担任负责人。例如，德国的顶级科研院所大多建立在其国内知名大学的基础之上，其许多下属科研院所的主要项目负责人都由大学的全职教授担任，同时也鼓励科研人员到大学担任兼职教授。同时，欧美国家科研机构构建了较为完善的创新人才培养机制，许多科研机构的科研项目向优秀的在校硕博生敞开大门，并设有专门的人才培养机构来培养未来的科学家。

7. 形成更突出产出及效率的科研项目管理模式

科研机构应采用更突出创新绩效的科研项目管理机制，采取并行资助、分阶段资助等竞争性支持模式，突出成果产出，推动颠覆性创新成果的产出。例如，对研究项目实行多团队、多技术路线资助模式，实行项目研发竞争机制，分散项目实施风险，提高项目研发成功率。同时，欧美国家将给予科研机构的政府性财政支持金额与其开拓竞争类项目金额挂钩，推动其开展产学研合作及科技成果转化，提升其促进经济社会发展的能力。例如，德国弗劳恩霍夫协会形成了独特的政府资助“弗劳恩霍夫模式”，即科研机构财政支持金额与其上年收入及获得竞争性资金全面挂钩。

8. 定期开展分阶段的科研机构绩效评价

注重开展科研机构绩效评价工作，督促及指导科研机构提升发展水平，由专门机构或科研机构等组织开展定期、分阶段评价，注重发挥同行专家评议的作用，形成较为完善的绩效评价方法体系，指导监督科研机构发展，并及时根据评价情况对科研采取合并、调整、撤销等举措①。

---

① 邱丹逸，康捷，莫富传. 美国及德国推进科研机构改革发展经验及启示[J]. 决策咨询，2021（5）：42-47.

04

以色列科技成果转化实践与经验

以色列作为世界高新科技发展强国之一，被誉为“中东硅谷”。建国之初，以色列就将发展科技作为立国之本，其高科技产业蓬勃发展并成为经济增长的主要引擎。根据世界知识产权组织（WIPO）发布的《全球创新指数报告》，2022 年，以色列在全球创新排名中居第 16 位，并且长期保持在全球前 20 的位置。在研发投入强度、创新竞争力及科技企业融资环境等方面，以色列均表现突出，其研发开支占国内生产总值的比例连续多年在经济合作与发展组织（OECD）成员国中居首位①。以色列的成功得益于其成熟且高效的科研管理体系，由政府主导的几次科技体制创新，尤其是首席科学家制度的确立，在推动以色列高新技术产业发展方面发挥了不可磨灭的作用。为了提高科技成果转化的效率，以色列在其全国性的高等教育体系中设立技术转移机构（Technology Transfer Organization，TTO），这些机构从多个角度进行全面操作，包括有效识别企业需求、转化高校的科研成果，以及处理成果转化后的利益分配等，致力于将前沿的科研成果推广至市场②。本章将对以色列科技成果转化的实践与经验进行梳理、分析、总结，分别对相关政策法律、机制，主要机构及典型案例（耶达研发有限公司）进行详细介绍。

① 清华金融评论. 国家创新体系推动科技成果转化：来自以色列的经验[EB/OL]. (2023-08-11) [2024-06-05]. https://baijiahao.baidu.com/s?id=1773886996322802746&ufr=spider&for=pc.

② 严含，宁石. 2022 年以色列科创再现辉煌，技术转化机构（TTO）功不可没[EB/OL]. (2023-01-27) [2024-06-05]. https://www.163.com/dy/article/HS2UO59K05340NW.html.

4.1 相关政策法律、机制

4.1.1 相关政策法律

以色列仅与知识产权相关的法律文本便有 20 多个，实施细则和规定有 30 多个，且随着发展需求不断进行修订完善。《资本投资鼓励法》《专利法》《鼓励产业研究与开发法》《投资促进法》《2000—2010 年生物技术产业规划》《纳米技术：以色列的国家战略》《国家民用研究与发展理事会法》等政策法规的制定，有效促进了以色列经济和科技的发展。

以色列的《产业研发促进法》规定，政府对从事高科技研发的企业给予一定的补助金。如果研发失败，企业无须承担偿还责任；如果成功，企业则需按一定比例归还补助金及利息。

4.1.2 机制

与我国类似，以色列的科研体系由政府主导，大部分科研成果来自高校，需要通过科技成果转化才能实现市场价值①。

以色列高校科技成果转化活动的主要参与方可归结为五类，即政府、高校、科研人员、中介机构和企业。通过五方参与协调，共同推进高校科技成果的产业化。

1. 政府

在以色列高校的科技成果转化过程中，政府的主要作用是建立有利

① 陈柯羽，卢云程，贾春岩. 以色列高校科技成果转化分析与启示[J]. 中国现代医生，2023，61（15）：83-86，128.

于科技成果转化的创新环境，建立相关的法律和政策，以及国家级孵化器和加速器等公共平台，并采取措施加速科技成果的转化及高科技企业的发展，对从科研立项至成果产业化全过程进行引导和促进。以色列的孵化器系统被公认为全球最先进的孵化器系统之一。政府对初创企业在其发展早期面临的“死亡谷”提供坚定的支持，承担了最大的风险而不要求分成收益，这一做法是以色列科技创新体系中一个至关重要的组成部分。正是这种支持，使得高科技孵化器和风险投资成为以色列经济中的两大支柱性行业。

（1）建立首席科学家制度。

以色列政府于 1968 年在工业贸易和劳工部设立首个首席科学家办公室（the Office of Chief Scientist，OCS）。OCS 不仅负责决策咨询和项目管理，而且直接参与科研政策制定及国家研发计划的推行，扮演着以色列政府“大脑”的角色。作为国家战略的主要核心部门，OCS 在行业发展、人才建设、政策制定、经费使用、资源分配、高科技企业集群发展、企业孵化等方面发挥重要的作用①。

（2）大力支持教育及科研。

从建国以来，以色列政府就十分重视教育与研发投入，高等教育经费占国民生产总值的比例基本维持在 8%~12%，政府的研发投入从 2000 年占国民生产总值的 3.93%上升至 2018 年的 4.94%，高居世界第 1 位②。以色列科技人员数量占全国人口的 6%，每万人中有科学家和工

① LACERDA-PONTES R, GOMES L N, ALBUQUERQUE R S, et al. The extended understanding of chronic granulomatous disease[J]. Current opinion in pediatrics, 2019, 31(6): 869-873.

② REEVES E P, LU H, JACOBS H L, et al. Killing activity of neutrophils is mediated through activation of proteases by K^+ flux[J]. Nature, 2002, 416: 291-297.

程师 145 人①。根据经济合作与发展组织 2015 年相关报告，25~64 岁年龄段的以色列人中，近 50%接受过高等教育，人均教育经费 4000 美元，为科技创新培养了大量的高素质人才②。

（3）积极开展国际合作。

在科研合作方面，以色列与美国的合作尤为密切，与美国建立了多个双边科学基金，由两国的科学家共同承担相关研究项目。其中，美国-以色列双边科学基金资助的科研项目中共产生了 46 位诺贝尔奖获得者、43 位沃尔夫奖获得者、24 位阿尔伯特·拉斯克医学研究奖获得者、7 位图灵奖获得者和 7 位菲尔兹奖获得者③。此外，以色列与英国、德国、加拿大、新加坡、中国等国家均建立科研合作关系，一方面促进科技交流合作，另一方面服务其扩展国外市场的战略需求。

2. 高校

截至 2016 年，以色列共有 62 家高等教育机构，其中 7 所研究型大学是承担高等人才培养任务的主要阵地，承担自然科学与技术领域 30%的研究工作④。以色列为加强应用型人才的培养，建立第二层级的高等教育体系，主要包括公立地方学院、职业技术学院及私立学院等。

---

① 孔祥浩．以色列技术转移机制和模式研究的作用[J]．价值工程，2013, 32(12): 5-7.

② CHIRIACO M, SALFA I, DI MATTEO G, et al. Chronic granulomatous disease: clinical, molecular, and therapeutic aspects[J]. Pediatric allergy and immunology, 2016, 27(3): 242-253.

③ LANKESTER A C, ALBERT M H, BOOTH C, et al. EBMT/ESID inborn errors working party guidelines for hematopoietic stem cell transplantation for inborn errors of immunity[J]. Bone marrow transplantation, 2021, 56(9): 2052-2062.

④ DE RAVIN S S, LI L H, WU X L, et al. CRISPR-Cas9 gene repair of hematopoietic stem cells from patients with X-linked chronic granulomatous disease[J]. Science translational medicine, 2017, 9(372): eaah3480.

3. 科研人员

以色列政府积极在移民、高校和企业之间搭建孵化平台，弥补移民在经营管理、市场营销及业务开拓等方面缺乏经验的不足，有力促进科技成果的转化。以色列高校鼓励创新创业，高校与企业间联系紧密，大学允许在校教师为行业内的企业担当研发顾问，许多科研人员可同时在企业兼职，自由安排工作，真正实现产学研之间的紧密合作，提高成果转化效率。

4. 中介机构

以色列的 7 所研究型大学均建立技术转移机构（TTO）作为高校科技成果转化服务部门，负责协调成果转化环节中的各个参与方，协作促进科技成果转化。TTO 虽然隶属所在高校，但其是具有独立法人资格的市场化营利性商业机构，在人事、经营、财务管理等方面拥有完全的自主权，由董事会运营，董事会成员包括学校领导、行业内知名专家和企业管理者等。TTO 同时负责管理和保护大学的知识产权，高校的科研人员将有意转化的科研成果提交至 TTO，后续过程中科研人员只需关注如何攻克技术难题即可。专利的申请、技术推介、合同的制定、资金的募集及寻找投资者和战略伙伴等环节均由 TTO 完成。专利技术许可收益由 TTO 进行分配，其中一部分会用于资助大学的研究项目。TTO 享有其所在大学或科研机构全部职务发明的使用权，但知识产权的所有权仍归属大学或科研机构所有，大学或科研机构不得再将这些技术成果交由除 TTO 之外的其他商业机构运作，TTO 也不能将知识产权出售给第三方。2006 年，魏兹曼科学研究所的耶达研发有限公司（Yeda）成为全球收入最高的 TTO，仅 2013—2015 年，Yeda 就向企业推介 4500 多种技术，签署 80 多份许可协议。目前，Yeda 每年仅在 3 种畅销药物上就收入数十亿美元的专利授权费①。

① 李晔梦. 以色列科研体系的演变［M］. 北京：社会科学文献出版社，2021：234-235.

4.1.3 科技成果转化的模式

以色列政府通过 OCS 设立科研基金，引导科研向应用研究转变。

（1）OCS 代表政府每年向每个孵化器拨付运营经费，为高新企业提供金融支持。为保证孵化质量，孵化器每年的承接项目一般不超过 15 个，OCS 还会为孵化器提供相应的行政及融资服务，全权管理在孵项目财务。随着孵化器的正常运营，政府逐步退出，孵化器被私营化。高校设立 TTO 作为技术转移服务部门独立运营，科研工作者提交成果至 TTO，TTO 评估后以许可及自行开发的方式完成科技成果后续的转化工作，并对转化收益进行分配：除去维护机构运营需求，一部分奖励给科研工作者，一部分反哺大学为研发和教育提供经费保障。

（2）OCS 代表政府为高新企业提供金融支持，高新企业通过孵化器的评估后以开展科研形式入驻，获得资金及商业服务。项目成功后按一定比例返还政府支持经费及利息，如果失败无须承担偿还责任。

4.2 主要机构

以色列的技术转移机构主要分为两类：依托大学的技术转移机构、依托科研机构的技术转移机构。

4.2.1 依托大学的技术转移机构

以色列大学普遍设有技术转移机构，以色列拥有的多个技术转移机构均由大学支持，其中包括卡梅尔经济公司（CAR-MEL）等，专注于将学术研究成果投入市场。这些机构在将科研成果投入市场方面发挥关键作用。通常情况下，大学的教研人员和学生在校期间产生的知识产权归属于大学。如果教研人员或学生有意将某项科研成果商业化，他们会将其提交给相应的技术转移办公室，技术转移办公室会评估该科研成果的商业化潜力，如果认为前景良好且技术成熟度符合要求，就会启动一系列技术转移转化活动。在知识产权收益的分配方面，一般而言，发明者个人将获得30%~50%的收益，具体比例可能因单位而异，其余的收益归属于大学或研究中心①。这种分配方式鼓励教研人员和学生积极参与科研成果商业化过程，同时保障大学或研究中心在科研成果转化中的权益。

依托大学的技术转移机构有3个，其组织结构包括董事会和工作团队，由校方领导、教授、企业负责人等组成。这些技术转移机构在知识产权保护、商业化、资金管理等方面发挥着关键作用，为科研成果的转化提供支持。

耶达研发有限公司（Yeda）：成立于1959年，是世界上第一所高校技术转移公司。其任务包括识别和评估商业潜力项目、保护知识产权、建立业务关系、向企业授予发明和技术许可。收入分配方面，专利技术发明人个人不持有Yeda独立创办或与企业合资创办的企业的股权，但他们可以从销售收入中获得较高的比例，研究人员能够得到40%的现金收益。

伊萨姆技术转移公司（YISSUM）：成立于1964年，隶属以色列希伯来大学，是世界上第三家技术转移公司。其任务包括与企业界联络、知识产权管理、创办初创企业、经费分配与管理等。知识产权管理涵盖了专利申请和技术评估。

拉莫特技术转移公司（RAMOT）：隶属以色列规模最大的研究型大学——特拉维夫大学，以色列近半数的企业家曾就读于该所大学。

---

① GIANNOPOULOS G A, MUNRO J F. The accelerating transport innovation revolution[M]. Amsterdam: Elsevier, 2019.

RAMOT 作为连接特拉维夫大学和产业界的纽带，致力于创造两方双赢的关系，既支持开创性的学术研究，同时又为企业寻找能建立竞争优势的先进技术。其业务范围主要包括为特拉维夫大学提供知识产权保护服务、最大限度激发新技术的商业潜力、提高科研成果转化率、支持技术创业等。

RAMOT 设有董事会和工作团队。董事会由 13 名成员组成，包括大学校长、实验室主任、企业家等。工作团队同样拥有 13 名成员，设有首席执行官、不同技术领域的业务发展副总裁、法律顾问、知识产权专员、首席财务官、协议协调员等，成员均为经验丰富的知识产权、商业或法律专家，兼有商业和科研背景。

收益分配方面，知识产权产生的收益中，有 40%被分配给开发该技术或产品的科研人员，而剩余的 60%归特拉维夫大学所有。在这归属于大学的 60%收益中，20%被指定用于研发（其中一半用于科研基础设施的建设，另一半则分配给研发人员的实验室），剩余 40%被用于学校的一般性财务支出①。

4.2.2 依托科研机构的技术转移机构

以色列在农业和生命健康领域建立了多个技术转移机构，如 Kidum 研发与应用技术转化中心、以色列生命科学研究公司、莫尔研究应用公司、以色列技术转移组织等。

Kidum 研发与应用技术转化中心：隶属以色列农业部农业研究组织（ARO），主要任务包括知识产权管理与保护，以及通过商业化农业领域研究成果来增加 ARO 的收入。其业务范围涵盖了确定具有商业化潜力的

---

① 徐然. 以色列技术转移机构运行模式及其对中国的启示［J］. 科技和产业，2022，22（9）：87-91.

研究项目、评估并促成与企业的合作研究项目、知识产权申请与保护等。Kidum研发与应用技术转化中心的工作团队由专业人员和学生组成，致力于处理研究人员和企业之间的关系。

以色列生命科学研究公司（LSRI）：成立于1979年，是以色列生物研究所的技术转移机构。LSRI通过多种方式，如合作、提供研发服务、技术转让等，将生物研究所的科研成果转化到世界各地。

莫尔研究应用公司（MOR）：隶属以色列克拉利特健康服务公司，致力于连接学术界和产业界，将医疗、制药、诊断、医疗信息技术和生物技术领域的新想法转化为产品或解决方案。MOR的主要业务包括发现具有转化前景的成果、知识产权服务和管理科研基金。管理团队经验丰富，背景多元，拥有丰富的科技创业经验。

以色列技术转移组织（ITTN）：是以色列技术转移机构的非营利联盟组织，旨在代表成员机构的利益，推动国际协作，并拓宽公众获取以色列大学和科研机构最新研究成果的渠道。ITTN拥有专业团队，负责知识产权、市场营销、战略管理和信息技术等领域①。

4.3 典型案例

耶达研发有限公司（Yeda Research and Development Company Ltd. of the Weizmann Institute of Science）是魏兹曼科学研究所的商业化公司，成立于1959年，是以色列第一个学院科技转移公司，也是全球最成功的科技转移公司之一。该公司专注于应用开发和技术转移，致力于将魏兹曼

① 徐然．以色列技术转移机构运行模式及其对中国的启示[J]．科技和产业，2022，22（9）：87-91.

科学研究所的研究成果商业化，成为连接基础技术和商业应用之间的桥梁①。

魏兹曼科学研究所成立于 1934 年，是一所在多个领域具有强大科研实力的公立科研机构，曾被评为全球十佳科研机构。学院通过多元的经费来源，包括中央政府拨款、竞争性科研项目收入、社会捐赠等，为大约 2800 人（包括约 1000 名学生）的研究团队提供资金支持。

魏兹曼科学研究所设有耶达研发有限公司，旨在支持科学研究所研究成果的商业化。该公司与科学研究所之间的关系在 2014 年修订的魏兹曼科学研究所知识产权与利益冲突管理相关章程中得到明确，规定了各自的职责、权利和义务，强调防范潜在的利益冲突，明确经济利益的分配原则以及知识产权的权属。

耶达研发有限公司在知识产权方面具有强大的影响力，拥有使用魏兹曼科学研究所 2070 项专利的权利，其中制药、化学与材料、信息技术三类专利占比较高。公司采用多样化的技术转移模式，包括与其他企业共同投资、授权许可等形式，以促进科学研究所的技术转移。公司通过充足的科研经费、有效的激励机制及持续支持基础研究，成功推动了多个知名专利的商业化。其中，耶达研发有限公司与多家公司合作，将科研成果转化为商业产品，2016 年销售额达 360 亿美元。

耶达研发有限公司的成功归功于其明晰的经营理念，包括将科学家从烦琐事务中解放出来，市场化操作，以及与科学家共享成果转移收益的激励机制。这种成功经验为科研机构的商业合作提供了有益的借鉴。

魏兹曼科学研究所在成果转移转化方面的经验可以总结为以下几个方面：

① 中国国际科技交流中心. 2020 全球百佳技术转移案例 14：魏兹曼科学院耶达研发有限公司（Yeda）[EB/OL].(2021-01-04)[2024-02-19]. https://www.ciste.org.cn/gjjsmy/gjjsjylm/art/2023/art_ff57f7a30fed45f199779276421f8fbb.html.

独立运营，治理科学。设立了技术转移理事会，由魏兹曼科学研究所所长任命成员，包括学院相关领域的负责人、科学家以及外部企业家和律师。理事会负责监督技术转移，确保成果转化符合科学研究所的利益。耶达研发有限公司全资控股，通过协议明确公司的责任，强调公司的独立运作和市场化运营，以促进盈利和成果转化。

产权清晰，权责一致。科研人员的职务发明和科研成果所有权归魏兹曼科学研究所所有。科学家在外兼职时需与外部机构签署书面协议，将咨询服务中产生的知识产权转移给耶达研发有限公司。三方协议确保了科研成果独家转移给耶达研发有限公司，由公司全权负责专利申请和成果转化。科研成果的收益从耶达研发有限公司转移给魏兹曼科学研究所及科研人员。

收益明确，分配合理。魏兹曼科学研究所分配科研成果转化获得的收益时无须政府审批，但会考虑各方利益，确保分配科学、公平和合理。在“442”分配模式下，40%奖励给科研人员，40%用于魏兹曼科学研究所和实验室的科研发展，20%用于耶达研发有限公司的管理运营，其中奖励科学家团队的40%份额由项目负责人主持团队内部协商分配。

规范兼职，控制冲突。科研人员可以在外兼职进行科研咨询和顾问等工作，但需提前提交书面申请并获得批准。在兼职期间，科研人员要避免与魏兹曼科学研究所和耶达研发有限公司发生利益冲突。科研人员的兼职时间和所得都受到一定的限制，在离岗创业或开展科技研发时，需要经过科学研究所批准，离岗时间原则上不超过2年。

这些经验表明，魏兹曼科学研究所在成果转移转化方面建立了明确的治理结构、清晰的产权制度、合理的收益分配机制，同时规范了科研人员的兼职行为，为科学研究所与企业之间的合作提供了有效的制度和管理支持。

4.4 对中国的启示

1. 加快技术转移机构建设

鼓励高校和科研院所尽快建立技术转移机构，或与社会上的技术转移机构建立合作关系，特别是对于技术转移需求较大的机构，可以设立专门的技术转移办公室或公司，以提供科研成果商业化服务，从而提高科研成果产业化的效率。

2. 培养技术转移专业人才

建设高水平的复合型人才队伍，确保技术转移机构的工作团队具备科研、知识产权、法律、市场营销、管理等多方面的专业知识。这需要培养既了解所负责领域科技前沿，又有在企业工作经验的专业人才，以更好地理解商业化模式和市场需求。

3. 探索自主经营的运营模式

把技术转移机构定位为独立法人、自负盈亏的商业机构，避免其仅仅成为政府行政部门。通过自主经营，技术转移机构能更灵活地应对市场需求，充分发挥市场机制的作用，提高其积极性和效率。

4. 加强技术转移联盟

学习以色列的成功经验，建立中国技术转移组织联盟。该联盟在政府层面可以代表成员单位的利益，促进技术转移机构积极健康发展。联盟还可以提供平台，促进技术转移机构之间的交流与合作，提高国内技术转移领域的整体实力，同时为国际交流合作提供支持。

5. 构建有利于风险投资的融资机制

发挥政府资金提供原始动力的导向作用，积极完善风险投资服务配套体系。具体来说，首先，政府应进一步发挥引导支持作用，吸引非政府资本进入风险投资行业，同时，适当放宽各类基金与资本的进入限制，从而丰富我国的风险投资资本来源。此外，政府应重视开发其他融资渠道，如进一步完善小额信贷政策，建立高新技术创业企业贷款担保体系等，从而解决我国企业融资难的问题。在金融市场体系下，应形成鼓励金融机构开发创新金融产品的氛围，尽快优化金融服务，使民间的投资愿望真正落实到科技产业。其次，风险投资具有一定的系统性，涉及包含投资者、风险投资公司、银行等经济运行的众多主体，因而需要技术、项目评价、管理、法律等服务作为支撑，对中介服务机构的要求较高。我国应在规范有序的基础上着力推动相关中介机构的发展，并且完善创业投资的服务配套体系，包括但不限于建立投资项目储备库、完善信息共享平台、健全科技配套服务等①。

6. 创建专利运营中介机构，扶持建设科技成果转化相关企业

专利运营中介机构需综合考虑市场的需求、总体环境、专利情况、研发成熟度等多种因素，不断完善科技成果的发现、评估、设计、商业化、收益分配等服务流程，为不同类型的创新型企业和不同发展阶段的知识产权、专利技术等产品提供有针对性、差异化的体系化服务，服务各项业务的推进，支持优秀科技成果的转化。在业务团队建设方面，建议充实复合型高素质的科技成果转化业务团队。借鉴国外成功经验，注重吸纳国内外的高素质人才，并与高校和研究机构合作，共同组建精通专业知识，懂金融、法律、外语和熟悉业务规制的国际化高端工程师团队，为科技成果转化提供全方位、专业化的服务。同时，注重加强平台专业化的服务培训，在实践中积累管理服务经验、完善创新服务模式。在机制上加快建设一批市场化的成果转化子平台，提高科技成果转化业务实施的便利程度，按照市场规律参与科技成果转化②。

---

① 于薇. 以色列创新体制机制及其对我国的启示[J]. 创新科技，2020，20（7）：78-84.

② 赵睿，刘祖娴，傅巧灵. 专利运营机构介入科技成果转化的金融支持模式研究[J]. 中国软科学，2021（增刊1）：131-139.

05

英国科技成果转化实践与经验

英国作为欧洲的科技大国，拥有强大的科研能力和发达的市场经济，长久以来一直处于世界科技创新的前列。20 世纪 80 年代起，英国政府制定并实施了多项旨在促进科技成果转化的政策和法规。进入 21 世纪之后，英国政府进一步将“加速科技成果的转化和推动产业结构的优化”作为应对危机及未来科技进步的关键策略。根据《欧洲初创公司报告》，2021 年上半年，英国吸引的全球风险投资总额是 2020 年全年的两倍以上①。成立于 1981 年的英国技术集团（BTG），从经营政府资助形成的科技成果起步，以丰富的手段和策略开展有效的技术转移，不仅使自身成长为全球最大的科技中介机构之一，也助力英国提升了科技创新能力。英国的政府、高校、科研机构和企业等有着相对完整的技术转移战略体系和推动科技成果转化的具体措施，其中，设立技术转移公司或创新服务公司是英国高校实施技术转移的重要模式之一。英国的技术转移经验具有鲜明特点，许多方面都值得学习借鉴。

5.1 相关政策法律、机制

英国政府制定与实施的具体政策和措施（表 5－1）主要有五个方面②。

---

① 科技创新观察：学英国科技成果转化经验，看陕西科技创新步伐[EB/OL].(2021-09-22)[2024-06-05]. https://baijiahao.baidu.com/s?id=1711582889956055222&wfr=spider&for=pc.

② 李晓慧，贺德方，彭洁．英国促进科技成果转化的政策及经验[J]．科技与经济，2016，29（4）：16-20.

表 5-1 英国促进科技成果转化相关法案或举措

年份	法案或举措	主要内容与作用
1965	《科学技术法》	明确有关科学研究的责任和权利
1975	教学公司计划	旨在促进企业与高校之间的合作伙伴关系，培养人才，鼓励科技成果和技术向产业转化转移
1986	《有条件的研究成果归属权改革方案》	规定在研究机构证明有能力实现成果商业化的前提下，政府资助研究项目产生的研究成果归执行项目研究机构所有，否则仍归政府所有
1997	法拉第伙伴计划	1997 年开始实施，主要通过与各种合作伙伴的交流互动，巩固企业与学术机构的联盟
2000	《卓越和机遇——21 世纪的科学和创新政策》	在大力建设适合科技创新的环境和体制的同时，要积极鼓励国家科研机构、大学与企业合作
2010	《国家基础设施规划》	政府投资 2 亿英镑建立了国家技术创新中心；构建高校产学研创新体系，加强高校产学研合作，推动科技成果产业化
2011	《促进增长的创新与研究战略》	强调企业要与科研机构加强联系，合作开展科研和新技术开发；强调将英国的科技资源与欧盟其他成员国的资源相融合，使英国的企业、科研机构的合作研究与技术创新的范围扩展到欧盟所有成员国，以构建高效运行的国家科技成果转化与创新体系

注：参考施利毅等[①]整理。

1. 改革政府科技管理机构

2009 年，英国将原来的商业、企业与制度改革部和大学、创新与技能

① 施利毅，颜卉. 国际科技孵化器创新项目高效推进机制研究[M]. 北京：经济管理出版社，2022：39-40.

部进行合并重组，成立新的商业、企业创新与技能部（the Department for Business，Innovation & Skills），目的是便于制定有利于新技术开发和科技成果转化的新政策，提高国家的创新能力。为此，英国研究理事会专门建立了科技成果信息网站，为成果转化和新技术应用提供信息服务，为企业、科研机构和大学之间的合作研究，人员培训与交流，以及科技成果的产业化、商业化开发提供咨询和支持，以提高英国在国际上的科技竞争力①。

2. 设立技术创新中心

2011 年，英国政府在制定出台《促进增长的创新与研究战略》的同时，提出了在 5 年内投资 2 亿英镑，由英国技术战略委员会具体负责，建立不同领域的技术创新中心计划，目的是支持以科技成果产业化为导向的技术创新活动，向企业推荐有发展潜力的科技成果和新兴技术，支持企业与科研机构之间开展跨领域的合作研究与技术开发，促使英国大量的科技成果在短期内实现产业化。目前已建成了高端制造中心、细胞医疗中心和可再生能源中心，重点进行先进制造业、数字信息产业、生命科学、低碳与新能源等领域的成果应用和技术开发。

3. 充分发挥 BTG 在科技成果转化过程中的中介服务作用

BTG 是 1981 年由原来的英国国家研究开发公司与国家企业联盟合并后组建的，是一家专门从事科技成果转化工作的大型中介服务机构。该集团聚集了来自不同领域的科学家、工程师、专利代理人、律师、会计师等 200 多名专门人才，有丰富的技术、市场、法律、金融知识和实践经验，能为成果供需各方提供全方位的服务。集团还具有科技成果转化和风险投资的双重功能，能够利用充足的投资将成果供需各方的需求最大限度地联合起来，实现高效和成功的成果转化。集团与英国各大学、研究机构、企业及技术发明者建立了密切的合作关系，

① 许端阳．世界主要国家科技成果转化的新举措及其启示[J]．全球科技经济瞭望，2014，29(4)：46-50.

同国外许多技术研究中心建立了广泛的联系，使集团在科技成果供需双方中都拥有能够共同获利的合作伙伴，形成了英国国内国际的有效网络，真正起到了科技成果转化的桥梁和纽带作用。BTG 于 1991 年由国有制改为民营化，完全按照市场商业化模式运作，1995 年在伦敦股票交易所成功上市。多年来，集团作为专门以风险投资支持科技成果转化的中介机构，得到了英国政府长期大力的支持，具有国家授权的保护专利和颁发技术许可证的职能，还具有根据社会需求对国家研究成果及有应用前景的技术进行再开发的职责，有权对相关项目给予资金支持。这些都为集团的发展提供了有利条件，也使集团获得了英国企业、研究机构的信任。

4. 支持企业与科研机构、大学开展合作研究

英国政府支持企业自主研发或根据开发新产品的需要与科研机构、大学开展合作研究，使研究成果直接应用于企业生产；支持科研机构和大学设立自己的成果转化中心或办公室，专门从事研究成果的商业化开发；支持有条件的大学建立具有孵化器功能的科学工业园，成为催生高科技企业的创新基地。

5. 设立科技成果转化基金

缺乏资金支持是英国科技成果转化初期的一大障碍，为此，从 2002 年开始，英国政府支持全国五大区设立科技成果转化早期成长基金或风险基金，用于支持成果转化的起步工作。早期成长基金用于支持单个成果转化项目的平均投资为 5 万~10 万英镑。2006 年，英国政府又设立了 9 个企业资本基金（ECF），主要面向中小企业。政府对每只基金投入 2500 万英镑，共投入 2.25 亿英镑，支持企业将最新的科技成果应用到生产中。政府采取招标的方式让企业申请 ECF，竞标企业须自行配套与 ECF 每次投资相等的资金，ECF 对每个成果应用项目的投资金额为 100 万~200 万英镑，投资周期最长不超过 10 年。ECF 自设立以来，已先后资助 100 多家中小企业。

5.2 主要机构

英国政府通过两大主要机构构建科技产业化体系。

1. 国家技术创新中心

英国于2010年发布的《国家基础设施规划》指出，英国政府投资20亿英镑建立了国家技术创新中心（Technology and Innovation Centers，TICs）。这个平台旨在搭建国家级科技成果转移转化平台，通过与商界、学术界和政府的合作，为科学研究提供数字通信、交通、低碳等领域的重要基础设施。英国政府在《国家基础设施规划》中明确承诺将在未来5年筹集2000多亿英镑的公共和私营投资资金，专门用于支持这一平台的建设。“创新英国”（Innovate UK）额外提供2亿英镑的支出，用于设立技术创新中心，构建技术与创新中心网络。截至目前，“创新英国”已建立了7个技术创新中心，覆盖细胞疗法、数字经济、未来城市、先进制造、近海可再生能源、卫星应用、交通系统等领域，这些中心充当了“创新英国”的“工具箱”，为科技成果的转移转化提供了重要支持。

2. BIS

英国政府意识到高等教育在科学技术创新中的关键作用，因此将高等教育管理纳入新的部门——BIS。BIS的设立表明，政府希望通过密切高等教育与经济发展的联系，以推动创新和经济繁荣。BIS的主要职能是通过在人力资源和教育方面的投资促进经济增长，推动创新，并支持人们不断创新和创业。在英国政府的长期战略中，科技创新被置于经济发展的核心位置。为了实现这一目标，政府通过BIS支持高等教育与产业有机结合，期望通过对人才和教育的投资推动创新和经济发展。这体现在英国皇家学会2010年度报告中，即将科技创新置于经济发展的长期战略核心，创造一个科学和技术创新的长期框架，并持续增加相应的投资①。

英国政府在资助高校方面采取了一系列措施，包括每5年对高校进行一次学科评价并提供相应基础研究资助经费，然而，直接拨款却呈逐年减少趋势，这激发了高校在科技成果转化方面的积极性，推动了高等教育的社会化发展。为了解决资金限制，高校着力加强产学研合作，形成了以公司为载体的多样化合作模式。这种合作模式旨在促进知识的转化和应用，使科研成果更好地服务社会。高校将重点放在与产业界的紧密合作上，通过建立研究中心、联合实验室等载体，提高产学研合作的深度与广度。这一趋势既是对资金限制的一种应对方式，也是高校更好地适应社会需求和推动科技成果产业化的体现。

英国的技术转移管理和助推模式主要包括以下四种：

（1）知识转移（合作伙伴 KTP）。

合作伙伴 KTP 是一种通过为初创公司提供知识和技术支持，促使知识在实际应用中得到转移和转化的合作模式。这一模式适用于初创公司，它有助于保持学校与企业的联系，并为学生创造工作岗位。

（2）“创新英国”。

这是一种大项目合作模式，适用于大规模的应用成果的转移和转化。通过“创新英国”合作模式，企业和高校可以合作开展重大创新项目，实现科技成果的产业化和商业化。

（3）创新加速器。

此模式适用于校企之间有相同需求目标的合作。创新加速器的作用在于加速科技创新的过程，通过快速迭代和合作推动技术的应用和产业的发展。

---

① 方陵生．科学世纪：如何保障我们未来的繁荣：英国皇家学会2010年报告节选[J]．世界科学，2010（4）：2-6.

（4）科学和技术合作奖励。

这一模式适用于前瞻性技术开发，并且能够实现博士生的定向培养。通过科学和技术合作奖励，企业和高校可以共同参与前沿技术的研究和开发，同时为博士生提供实际培训和实践机会。

这四种模式在实现企业与高校的合作的同时，既有助于培养具有创新能力的学生，实现科技成果的转移和转化，也为学生铺设了就业路径。这些模式的灵活性和多样性使其能够适应不同领域和类型的合作需求①。此外，英国技术转移管理还包括四种项目，如表 5-2 所示。

表 5-2　英国技术转移管理的四种项目

项目	描述	特点
英国 KTP（Knowledge Transfer Partnership）计划	是英国政府支持的产学研用合作计划，以应届博士生为媒介，促进研究机构成果向企业转移。该计划通过企业和学术机构的合作，实现知识和技术的转移，提升企业创新能力，并培育高素质领导人才	针对中小企业，提供更大比例的公共经费资助；由政府基金组织提供资金支持，企业提供配套经费；应届博士生帮助初创企业成长和孵化，提升企业研发能力
产业战略挑战基金（ISCF）	是由“创新英国”代表英国政府投入的技术转移扶持项目，资助国家战略和企业的关键技术领域，包括健康医药、机器人和人工智能、清洁能源等。项目要求企业和学校组成联合申请团队，资助力度可观	资助国家战略和企业的关键技术领域；由企业和学校联合申请，评选难度大；对学术界产生重大影响

① 陈华，邓寒梅，师伟力．英国技术转移的管理模式及借鉴研究［J］．产业与科技论坛，2021，20（14）：221-223.

续表

项目	描述	特点
创新加速器项目	由学校资金和欧洲区域发展基金在特定区域扶持，以促进区域创新经济发展。该项目不限制工作场地和时长，有助于企业降低研发成本，提供合作机会，促使学校研发成果快速转化	在特定区域扶持，促进区域创新经济发展；灵活性高，不限制工作场地和时长；有助于学校与企业成功对接与合作
博士生定向培养项目	是由英国国防部门提供资金支持的项目，资助研究方向与企业生产领域相吻合的在校生。项目鼓励学生寻找合作伙伴，并在 6 年内完成研发项目	由国防部门提供资金支持；资助研究方向与企业生产领域相吻合的在校生；鼓励学生寻找合作伙伴，完成研发项目

英国技术转移机构的运行机制涵盖以下关键流程。

确定关键技术难题。

描述：技术转移机构首先通过与企业合作或关注市场需求，确定产业中的关键技术难题。

目的：为引入科技成果解决实际问题奠定基础。

技术交易登记。

描述：机构负责登记科技成果，包括相关信息、产权状况等，建立科技交易档案。

目的：建立清晰的技术资产数据库，方便后续的技术交易和推广。

技术评估。

描述：进行科技成果的评估，包括技术可行性、商业潜力等，确保科技成果的质量和市场适用性。

目的：提高科技成果的商业化成功率。

知识产权保护。

描述：为科技成果提供知识产权相关的保护措施，确保研究成果的合法性和独占性。

目的：保护知识产权，吸引企业对科技成果进行投资和应用。

技术服务支持。

描述：提供技术服务，包括培训、技术支持、咨询等，以帮助企业更好地应用科技成果。

目的：帮助企业在技术应用和创新方面取得更好的效果。

英国技术转移机构的从业人员具备多专业背景，主要职责包括科研项目管理、技术转移、提供咨询服务、新公司创立等。他们通常有博士学位，具备丰富的企业工作经验，以及理、工、商、法律等多领域专业知识。机构注重从业者的管理和服务能力培养，以市场为导向，为企业提供全方位、有针对性的服务。一些机构还吸引各领域的专家参与技术转移工作，致力于帮助中小企业在国际市场上获得竞争力。

英国民间技术转移中介机构通常以慈善机构、担保公司、股份公司等形式注册，享受税收优惠政策。作为英国技术转移的主体，它们采用一系列扶持政策和商业化运作模式，致力于促进技术创新和产业发展。

5.3 典型案例

IP Group 成立于 2000 年，总部位于伦敦金融城，2003 年在伦敦证券交易所 AIM 上市，2006 年转至伦敦证券交易所主板，是英国富时 250 指数成分股。IP Group 专注于科研成果的转化，通过与高等院校合作，为旗下公司提供资金和知识产权商业化服务，并通过股权回报实现收益。

1. 合作与全球投资

（1）与 32 所英国、美国、澳大利亚顶级高校和科研机构合作，包括剑桥大学、牛津大学等。

（2）在全球范围内投资 300 多家企业，净资产超过 14.9 亿英镑。

2. 国际扩张

（1）2014 年进入美国市场，与哥伦比亚大学、约翰斯·霍普金斯大学等建立合作关系。

（2）2017 年与澳大利亚八校联盟签订长期合作协议，投资超过 2 亿澳元。

3. 投资领域

IP Group 关注高科技、清洁技术、大健康和生命科技，主攻早期项目，注重知识产权壁垒。

4. 特色与优势

（1）专业知识团队：拥有深厚的专业知识，包括科学技术等。

（2）资本运营资源：通过专业基金管理和企业咨询业务，帮助投资公司获取资本。

（3）企业管理经验：具备丰富的企业管理执行经验，协助初创企业内部管理和团队招募。

（4）全方位支持：提供运营和法律支持，协助企业优化知识产权战略，解决各类问题。

5. 成果与影响

（1）在全球范围内帮助成立 300 多家企业，向这些企业投资逾 8.5 亿英镑。

（2）创造了超过 44 亿英镑的经济效益和 5000 个工作岗位。

（3）在 77 家科技型企业中持有股份，净资产超过 14.9 亿英镑。

6. 愿景与使命

IP Group 的愿景是在知识产权商业化领域打造国际领先的企业，通过帮助创意和科研成果实现产业化，创造经济价值，并为社会环境带来积极的影响，改变世界。IP Group 通过多年的合作与投资，致力于推动科研成果的产业化，为初创企业提供全方位的支持，成为知识产权产业化领域的领军者。

7. 核心业务

IP Group 的核心业务是将来自研究密集型机构的知识产权商业化，通过提供资金和知识产权商业化服务，为股东和合作伙伴创造价值。该公司从种子轮开始投资，为受资公司提供资本、战略咨询和企业管理方面的支持。

8. 商业模式阶段

（1）选择（Selection）。

①IP Group 的专家团队具备技术和行业经验，与高校、研究机构及企业紧密合作，寻找具有广阔前景的研究和技术项目。

②通过评估技术披露，了解商业化可行性，选择最有价值的项目进行投资。

（2）孵化（Incubation）。

①在孵化阶段，初创企业由学术团队、大学和创始人成立，IP Group 通过董事会进行初始投资。

②提供“软资助”，包括管理、营销等方面的支持，帮助初创团队进行商业和技术验证。

（3）种子（Seed）。

①初创企业进入种子阶段，需要更多资金来加速技术和业务发展。

②IP Group 协助企业与潜在客户接触，通过反馈指导后续发展，寻求进一步的投资。

（4）扩大规模和积极管理（Scale-up and Active Management）。

①随着初创企业的成熟，IP Group 主动拓展其他渠道的投资来源，与专业基金、金融机构等进行联合投资。

②参与董事会决策，积极帮助公司增值，提供商业模式、许可信息、行业合作等方面的支持。

9. 投资决策过程

（1）挖掘机会。

①接受项目自荐或主动从高校、科研机构中寻找机会。

②与发明人讨论项目的技术优势和商业前景，决定是否投资。

（2）详细调查。

①技术专家进行详细调查，与发明人进一步讨论。

②针对商业可行性、竞争对手分析、知识产权审查等征求部门专家的意见。

（3）商业开发。

①与发明人一同规划商业模式、退出策略等。

②制定包括资助和项目进展的计划。

（4）投资委员会。

①工作团队的投资和商业计划在内部提交给投资委员会。

②在委员会通过后，着手处理投资相关的法律程序。

10. 发展与优化

（1）IP Group 通过简化运营措施，降低业务成本和流程的复杂性。

（2）2017 年收购 Touchstone Innovations，精简投资组合，提高变现速度，形成稳定、丰厚的收益模式。

（3）IP Group 的商业模式在选择、孵化、种子、扩大规模和积极管理等阶段的全方位支持，为高校科研成果提供了成功商业化的路径①。

---

① 中国国际科技交流中心. 2020 全球百佳技术转移案例 3：英国 IP Group[EB/OL]. (2020-11-23)[2024-02-19]. https://www.ciste.org.cn/gjjsmy/gjjsjylm/art/2023/art_dfb4338430444 32aa238f15d53e5e2a9.html.

5.4 对中国的启示

1. 强化科技成果信息服务平台

（1）加强专业人才培训，提高服务平台运行效率。

（2）提高服务平台的权威性和可操作性，促使社会和企业更积极地利用这些平台。

2. 政府主导建设成果转化和技术创新基地

（1）学习英国成功的政策和经验，建立以政府为主导的创新基地。

（2）促使企业界和科技界联合创新，支持科研成果和新技术产业化，为经济结构调整提供支持。

3. 支持高校和科研机构建立“科学–工业园”

（1）鼓励有条件的大学和科研机构建立“科学–工业园”。

（2）通过融合研究、实验和应用，促进科技成果直接用于企业生产，解决成果转化难的问题。

4. 普及科学知识，树立民众科学意识

（1）利用互联网和其他媒体普及科学知识，宣传科学技术的作用，增强民众科学意识。

（2）实施持久的科学知识普及教育，培养全民热爱科学的信念，树立“知识就是力量”“科学就是真理”的观念。

5. 促进产学研合作，加速成果转化

（1）鼓励企业、高校、科研机构三方合作开展成果转化和技术开发。

（2）政府主导尖端科研项目，形成人才、设备、研究资料等方面的互补优势，产生集群效应。

（3）提供税收优惠和经费支持，以激励长期的产学研合作。

采取上述措施有助于建立更加健全和有利的科技创新体系，从而提高我国在科技领域的竞争力，促进科技成果更好地为经济社会的可持续发展提供支持①。

① 李晓慧，贺德方，彭洁．英国促进科技成果转化的政策及经验[J]．科技与经济，2016，29（4）：16-20.

06

日本科技成果转化实践与经验

20 世纪 50 年代，日本制定了技术立国的战略，通过大规模引进欧美先进技术并积极进行二次创新，取得了显著的经济成就。到 20 世纪 70 年代中期，日本已经发展成为仅次于美国的世界第二大经济体。数据显示，20 世纪 50—70 年代，日本累计引进了超过 3 万项技术，通过消化吸收，成功掌握了欧美国家半个多世纪发展的主要技术成果，使其产业技术水平达到世界领先水平①。日本的技术转移体系在很大程度上模仿了美国的模式，但是在这一过程中，政府扮演了更加重要的角色。借鉴美国的经验，日本政府在 1998 年推出了《关于促进大学等的技术研究成果向民间事业者转让的法律》（简称《大学技术转让促进法》），其核心目标是促进科技成果转让中介机构建立，并且明确政府在制度和资金层面支持大学科技成果的转化活动。

6.1 相关政策法律、机制

6.1.1 相关政策法律

1995 年，日本通过了《科学技术基本法》，该法律将“以科学技术创新为国家发展基石”确立为基本的国策方向。这一法律的出台是日本国家创新体系建设的起点，日本开始强调基础理论与技术的研究与开发，并致力于通过科学技术创新持续推动经济增长。1998 年 5 月，日本政府根据《科学技术基本法》发布了《大学技术转让促进法》，旨在推动大学科技成果的转化、技术创新和技术转让。该法明确了政府在体制与资

① 李晓慧，贺德方，彭洁. 日本高校科技成果转化模式及启示[J]. 科技导报，2018，36（2）：8-12.

金方面对高校科技成果转化机构的支持与资助责任，并规定了高校设立的科技成果转化机构可以直接获得政府提供的活动经费和人员派遣支持。尽管该法的实施鼓励具备研究能力的大学建立自己的技术转移专门机构，但政府资助的科研项目所产生的知识产权仍然归政府所有，这一法律规定未发生改变。这对高校和研发人员参与成果转化工作的积极性产生了影响，同时也限制了技术转移专门机构的业务发展和经营范围，降低了高校科技成果转化和技术创新的效率①。

1999 年 10 月，日本政府颁布了《产业活力再生特别措施法》，规定高校利用政府经费完成的科研项目，其成果开发所获得的专利所有权完全归学校所有。这一法案被称为日本版的《拜杜法案》。2006 年，为了进一步强化高校与企业界的合作，日本政府对《教育基本法》进行了修订，提出高校应通过转让自己的科研成果为社会和企业作出更大的贡献，以进一步增强高校为经济社会发展服务的功能。该法修正案的实施有力地促进了高校与企业之间的技术合作和交流，进而促进了高校科技成果的有效转化与技术转让。

除了上述法律（表 6-1）外，其他法律法规也对日本高校科技成果的转化和技术转让提供了支持，包括《技术转移法》（1999 年）、《产业技术力强化法》（2000 年）、《知识产权基本法》（2002 年）、《专利法》（2005 年）等。这些法规有助于创造更有利的法律环境，促使日本高校更好地推动科技成果的转化和技术的转让②。

---

① 张晓东. 日本大学及国立研究机构的技术转移[J]. 中国发明与专利，2010(1)：98-101.

② 吴殷，刘延辉. 日本产学连携政策体系效率分析[J]. 知识产权，2013(4)：92-96.

表 6-1　日本促进科技成果转化相关法案或举措

年份	法案或举措	主要内容与作用
1986	《促进研究交流法》	允许科研机构学者和民间人员共同参与国家研究项目，鼓励科研人员紧密联系企业，共同参与技术研发。在政策导向下，1987 年始，日本涌现出多所共同研发中心
1995	《科学技术基本法》	启动三期科学技术基本规划：科研经费重点支持竞争力课题，培养一万名课题科研骨干人员；围绕“创造知识、创出活力、造福社会”主题进行研究课题目标设立；围绕科学技术战略重点，加强基础研究，加强前沿热点技术创新，培养创新型综合人才
1998	《大学技术转让促进法》	允许在大学建立技术转移机构，研究学者可以和企业共同研发，提高大学的科研成果转化率
1999	《产业活力再生特别措施法》	被称为日本版《拜杜法案》。规定高校利用政府经费完成的科研项目，其成果开发获得的专利所有权完全归学校所有。该法有利于具有独立法人资格的公立、私立大学进行技术创新和科技成果转化
2000	《产业技术力强化法》	规定大学研究人员可以通过一定程序审批后在企业兼职，可以无偿使用大学的基础科研设施
2001	中小企业支援型研发事业	推进企业与产业技术综合研究所开展研发合作，对转化程度高的技术产品企业给予资金资助
2001	产业集群计划	计划布局 19 个产业集群，分属 4 个领域，形成学术界、产业界和政府的合作网络
2003	产业技术研究培育事业	年轻研究人员和中小企业组成研究团队，对企业提出高质量的研发建议，可获得补贴资助

续表

年份	法案或举措	主要内容与作用
2004	《国立大学法人法》	规定日本国立大学享有独立法人资格和成果转让自主权，成果转化全部收益由学校自主支配，不再纳入政府财政经费。该法的实施加快了研企合作的进程和成果转化的速度
2006	《教育基本法》（修订版）	为了进一步增强高校的社会服务功能，日本政府对《教育基本法》进行修订，提出高校应通过转让自己的科研成果为社会和企业作出更大的贡献，促进了高校与企业的技术交流合作和科技成果的有效转化与技术转让
2017	《科学技术创新综合战略2017》	重点论述2017—2018年度重点举措，包括实现超智能社会5.0（Society 5.0）的必要举措，加强资金改革

注：参考林亮[①]、许云[②]、李晓慧等[③]、王玲等[④]、王达等[⑤]、董洁等[⑥]整理。

---

① 林亮. 厦门技术经纪人的现状及发展对策研究[D]. 泉州：华侨大学，2014.

② 许云. 北京地区高校、科研机构技术转移模式研究[D]. 北京：北京理工大学，2016.

③ 李晓慧，贺德方，彭洁. 日本高校科技成果转化模式及启示[J]. 科技导报，2018，36（2）：8-12.

④ 王玲，张义芳，武夷山. 日本官产学研合作经验之探究[J]. 世界科技研究与发展，2006（4）：91-95，90.

⑤ 王达，高晓巍，詹可容. 日本科学技术创新综合战略2017[J]. 今日科苑，2017（7）：71-75.

⑥ 董洁，张素娟，邓奕，等. 日本科技成果转化体系研究与思考[C] //北京科学技术情报学会. 创新发展与情报服务. 北京：北京科学技术情报学会，2019：34-42.

6.1.2 机制

1. 灵活的用人机制

日本科学技术振兴机构采用灵活的用人机制，没有预先规定人员定额，而是更多地依据个人业绩规定待遇水平。在全球范围内招聘研究机构所长，通常由大学教授担任；雇佣博士研究生参与研究，为毕业后的博士提供在研究机构工作的机会。这种用人机制有助于激发高水平科研人员，尤其是年轻人的参与热情，推动创新创业。

2. 多样的技术转移方式

为实现技术从拥有者到使用者的转移，日本科学技术振兴机构采用了委托开发和开发斡旋两种方式。为促进创意思想的具体化、保护创意和新概念、维持创意所有者与社会企业之间的联系，该机构向企业提供资金支持，用于创意理论的模型化，推动新技术的商业化和产业化。

3. 全链条、贯通式的转化链

日本科学技术振兴机构建立了一个覆盖全国大学的网络平台，让各大学能够免费访问和使用该网络资源。该机构充分利用了其技术和信息上的优势，提供一系列全面且连贯的服务，包括样机制作、产品测试、可行性研究、新技术的研发与推广、专利保护等。此外，日本科学技术振兴机构还为科研人员免费代理专利申请，并积极寻找有意向合作的企业，鼓励高校科研成果的自主经营。同时，作为科技创新的核心机构，该机构特别关注对中小企业的支持，旨在推动颠覆性技术的创新。

总体而言，日本科学技术振兴机构通过多种途径，如项目资助、科技创新战略的制定、促进科技创新及对中小企业的支持等，致力于培养科研人才和推动科技创新的发展，从而奠定科技创新的基础。此外，该机构还特别重视从失败中学习的重要性，建立了一个失败案例数据库，为科研人员提供查询服务，旨在帮助他们总结经验教训，避免重蹈覆辙。

6.2 主要机构

日本科技成果转化工作主要靠设立技术转移专门机构（TLO）运作完成。自1998年日本政府颁布实行TLO法（《关于促进大学等的技术研究成果向民间事业者转让的法律》）以来，日本高校设立并经政府审核认可的TLO机构已有50家，主要分布在研究型大学。TLO机构类型主要有以下几种：

1. 内部组织型TLO

这类TLO是高校内设的机构，由学校选派人员独立管理经营，负责科技成果的登记、管理、信息发布、转化开发、专利申请、技术转让等任务。这类TLO的优势在于知识产权清晰，收益分配简单；但缺点是可能缺乏转化开发和商业管理方面的经验①。

2. 单一外部型TLO

这类TLO是独立于高校但由学校出资控股的机构，与学校之间是一对一的业务委托和出资入股关系。相较于内部组织型TLO，单一外部型TLO更专业化，有独立的团队负责转化开发、专利申请、技术转移等，但学校获得的收益相对较少。

3. 外部独立型TLO

这类TLO是拥有完全法人资格的独立机构，既独立于大学，又与多

① 张玉琴. 日本产学研合作新体系评述[J]. 河北师范大学学报（教育科学版），2012，14（4）：54-58.

所大学有广泛业务合作。它具有经营自主性和广泛的业务范围，能够充分利用不同地域和学科的大学的优势资源，广泛开展成果转化开发、技术转让与转移业务。这种类型的TLO有齐全的专业人才队伍，与高校联系紧密，与企业关系密切，能够帮助高校实现成果转化收益最大化。

总体而言，这三类TLO在科技成果转化工作中的基本流程相似，包括成果的收集登记、技术评估、市场需求分析、转化开发、专利申请、技术转移与转让等环节（图6-1）。这几类TLO都有其各自的优势和局限性，选择适当的类型时需考虑学校的经验水平、资源情况及对科技成果转化的期望。

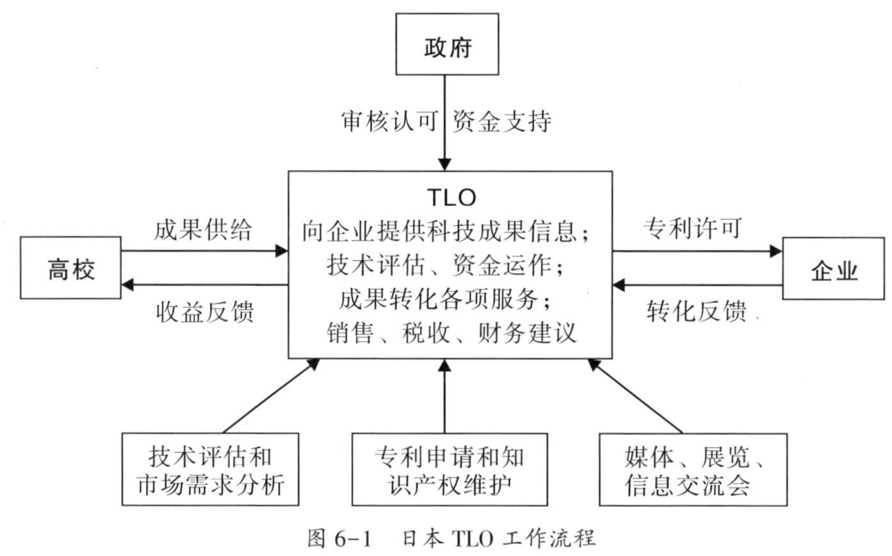

图6-1　日本TLO工作流程

6.3 典型案例

日本产业技术综合研究所（AIST）隶属日本产业技术振兴协会，是日本政府认可的技术转移机构，连接从基础研究到新产品开发的全过程，特别注重共性技术的开发及成果转化。其具备以下特点：

（1）独立行政法人制度。AIST 采用独立行政法人制度，是拥有法人资格的独立机构。这一制度为 AIST 提供了较大的自主权，使其能够更有效率地运作。该制度下，AIST 的研发经费不受限于国家经费管理办法，可以根据项目研究实际需求自主支配。此外，AIST 没有固定的研究团队，而是根据项目需求灵活聘用相关领域的专家和研究人员进行项目研发，从而更好地满足多样化的研究需求①。

（2）民主化管理模式。AIST 实行民主化管理模式，理事长需要与部门主管保持经常性的沟通。研究主管拥有充分的自主权，但其绩效评估必须由内外部的评估部门共同完成。研究员通过与主管的直接交流制定各自的研究目标和计划。此外，每个研究领域都至少配备 1 名协调员，协调研究部门之间的资源互助事宜，强调了研究部门间的协作与交流。

（3）注重前沿技术研发合作。AIST 与国内外大学、研究机构合作，包括共同研究、研究院交换、聘请大学教授等方式。这种合作有助于建立单位间分工与整合机制，推动开放性建设。AIST 的技术研发方向集中在前沿领域，通过与其他机构的合作实现资源共享，共同推动技术创新。

（4）创新中心。为了迅速产业化研究成果，AIST 设立了创新中心，专门负责技术成果推广。AIST 通过授予创新中心独占实施权，以技术转让合同、专利实施许可合同、共同研发、委托研发等方式，将科技成果转化为实际应用。这种机制有助于促进研究成果的迅速产业化，推动科技成果的价值化。

（5）衍生企业机制。AIST 设立了衍生企业辅助机构，支持衍生企业科技成果的顺利落地。衍生企业不仅可以使用 AIST 内部基础设施和研发

① 李顺才，李伟，王苏丹. 日本产业技术综合研究所（AIST）研发组织机制分析[J]. 科技管理研究，2008（3）：76-78.

平台，还能享受优惠价格，并获得 AIST 的技术咨询、法律咨询、经营管理等信息服务。这为衍生企业提供了全方位的支持，有助于它们更好地发展和运营。

6.4 对中国的启示

1. 科研人员参与企业科技研究的审核制度

（1）对理事长及科研人员的兼职进行审查，防范潜在利益冲突。

（2）允许科研人员在企业兼职，推动官产学研合作计划，但需事先审查批准，遵循利益冲突管理办法①。

2. 国家创新体系促进科技成果转化

（1）通过科技立法、大学法人制、知识产权保护、收益分配等政策法规，整合基础研发到产品转化过程，提高效率，提高整体竞争力。

（2）建立官产学研体系，促进各部门联合攻关。

3. 政府鼓励科学研究与产业经济深度融合

（1）鼓励大学和企业强化研发合作，推动科技研发围绕市场需求展开。

（2）企业通过与大学的合作，获取科技支撑，掌握核心技术，提高产品竞争力。

4. 建立科技成果转化奖励机制

（1）采用成熟的 TLO 模式，由专业团队支撑科技成果转化，制定明确的政策和规定，激发科研人员的积极性。

---

① 林家彬．公共部门科研人员收入问题：理想目标与当前对策［J］．中国发展观察，2017（增刊 1）：23-27.

（2）制定完善的法规，明确利益分配比例，额外奖励提供材料者和发明者，形成合作共赢模式①。

5. 鼓励公益类科研机构提供有偿服务

（1）日本科技振兴机构有更多元的经费来源，大约15%来自企业和自身创收经费，增强了机构的自主性。

（2）提倡为社会提供公益服务的同时，根据市场需求提供个性化服务，将服务收入用于奖励科研人员，调动科研人员的积极性。

我国可借鉴日本促进科技成果转化的有益经验，建立更为完善的科研人员兼职审核制度，加强国家创新体系建设，推动科技成果转化，鼓励产学研合作，制定激励政策，促使科研活动更贴近市场需求，同时鼓励公益类科研机构提供有偿服务，提高经费来源的多元性，提高机构的科技研发自主性。

---

① 董洁，张素娟，邓奕，等. 日本科技成果转化体系研究与思考［C］//北京科学技术情报学会. 创新发展与情报服务. 北京：北京科学技术情报学会，2019：34-42.

07

法国科技成果转化实践与经验

法国作为世界科技创新强国，其实力一方面在于兼顾科研与创新的数量和质量，另一方面则源于明确目标的科研成果商业化，从而形成高端产业①。法国在农业、核能、航空航天、医疗和生物等领域已经达到全球领先水平。通过法律框架保障科技创新，法国积极推动产学研合作，并在全国范围内设立科技创新中心和科技成果转移中心，以促进科技成果的有效转化②。在科技创新转化为经济增长动力的过程中，法国居欧洲前列。数据显示，2022 年，法国的初创企业总共获得了 135 亿欧元的融资，其中被称为“科创 120 强”的企业的营业收入总计达到了 113 亿欧元，并且法国新增了 26 家独角兽企业③。本章将对法国科技成果转化的实践与经验进行梳理、分析、总结，分别对相关政策法律、机制，主要机构及典型案例（法国国家科学研究中心等）进行详细介绍。

7.1 相关政策法律、机制

20 世纪 80 年代，法国国民议会两次颁布了《科技方针和规划法》，通过法律手段明确了科学技术在国家发展战略中的地位。随后，《创新和研究法》颁布，通过一系列激励措施促进了公共科研机构的科技成果转化和企业创新，包括鼓励科研人员留职创业、推广科技成果的政策鼓励及税收优惠。

---

① 董琳. 法国技术转移体系简析[J]. 全球科技经济瞭望，2017，32（7）：1-5，10.

② 郭德华，郭益风，王蕾. 法国技术转移运营机制的研究[J]. 创新科技，2018，18（9）：79-83.

③ 李鸿涛. 法国要为科创快车装上“导航仪”[EB/OL].(2023-07-31)[2024-02-19]. https://baijiahao.baidu.com/s?id=1772885766516893746&wfr=spider&for=pc.

法国在1982年和1984年分别颁布《科技方针和规划法》和《高等教育法》，明确了法国国内公共科研机构和高校在促进科研成果转化、发挥科研成果作用，以及推动工业和经济发展中的责任。1999年，《技术创新与科技法》颁布，旨在解决公共科研机构和企业间联系与合作不紧密、技术成果转移体系不健全等问题，通过资助创新型企业、建立企业孵化器和启动基金、鼓励知识产权申请等措施促进科技成果转化。

自2005年起，法国政府采取了一系列新的举措，包括设立商业竞争力基金（FCE）、建立卡诺研究所鼓励公共科研机构与企业合作研发、推出由法国竞争力集群和国家部际基金（FUI）共同打造的合作科研基金等。2010年，法国实施了“未来投资计划”，进一步推动技术成果的转移，出现了更多载体，如专业从事加速技术转移的公司、专门协助大学和科研院所申请知识产权并进行商业化的公司、技术转移中心、专利代办公司等①。

7.2 主要机构

法国是中央集权较强的国家，通过公营企业等组织来干预国家经济发展。在第二次世界大战后，法国形成了中央集权型的科技体制。为了应对科技成果转化中出现的问题，法国政府相继成立了一些研究机构。以下从科技管理部门、国家研究机构的建立、产业研究活动辐射面等方面进行分析。

1. 科技管理部门

类似于我国科技部，法国设有专门负责科技决策的部门，政府的各

① OECD. Commercialising public research: new trends and strategies [R]. Paris: OECD, 2013.

个部门也都设有领导本部门科技工作的组织机构。政府主要通过与大型企业签订科研合同和采购合同的方式合作，或者出资资助大型科研机构，以促进技术研发和科技发展。

2. 国家研究机构的建立

国家研究机构分为科技型研究机构和工贸型研究机构两类。科技型研究机构包括法国国家科学研究中心（Centre National de la Recherche Scientifique，CNRS）和法国合作发展科学研究所；工贸型研究机构则执行国家使命或公共政策。这些机构大多由政府出资建立和运营。

3. 产业研究活动辐射面

法国的产业研究活动主要集中在个别高技术产业和少数企业，基础研究主要由 CNRS 进行。这意味着法国在一些特定的领域和企业中进行着重点的产业研究活动，而 CNRS 在基础研究方面发挥着主导作用①。

7.3 典型案例

7.3.1 CNRS

CNRS 成立于 1939 年 10 月 19 日，是科技型公共研究机构，隶属法国政府国民教育、高等教育与研究部（简称“研究部”）。CNRS 覆盖广泛的学科领域，包括数学、物理、信息和通信科学技术、核物理和高能物理、地球和宇宙科学、化学、生命科学、人文与社会科学、环境科学

① 郭德华，郭益凤，王蕾. 法国技术转移运营机制的研究[J]. 创新科技，2018，18（9）：79-83.

及工程科学，涵盖了法国10所学院的全部主要学科①。CNRS参与制定国家科技发展总政策，与上百所高校保持对口合作关系，其3/4的实验室设在这些高校，并向高校提供科研经费，CNRS的工作人员也可以利用高校的大型设备进行研究。

2006年7月17日，CNRS成立了工业政策部门（DPI）取代原有的企业代表处。工业政策部门与CNRS各科学部保持密切联系，以推行工业指导机构的政策，并向实验室和科研人员传达有关专利问题。该部门负责处理与CNRS专利和许可证相关的工作，由4个部门组成，分别是工业政策战略组、工业政策执行组、法国科技创新与转让处、合作与增值服务处。工业政策部门通过网络协调员协调内部的合作和增值服务。工业政策部门在技术转移方面开展了多项工作，包括与合作机构共同努力，在最短时间内将中心实验室研发的先进技术转让出去；提高技术转让的质量和效率；加强与工业合作伙伴的沟通，鼓励企业将涉及基础研究的长期需求告知CNRS研究部，使其能够在战略规划中融入这些信息。

7.3.2 卡诺研究所

为了激发法国公立科研机构的创新活力，加强与企业的合作并促进科技成果转化，最终推动法国社会经济的发展，2006年，法国政府发起设立了卡诺研究所（ANR）。十多年来，得益于法国政府的有效支持和体制机制的创新，卡诺研究所的发展突飞猛进，现已成为欧洲第二大应用型研究所联合体，仅次于德国的弗劳恩霍夫协会②。

1. 卡诺研究所网络

“卡诺研究所网络”的名字源于法国著名的青年理论与实践物理学

① 李宇明. 中法语言政策研究[M]. 北京：商务印书馆，2014.

② 吴海军. 法国科技体制建设和发展情况介绍[J]. 全球科技经济瞭望，2014，9（10）：13-20，28.

家卡诺。与卡诺本人将理论与实践完美结合一样，法国研究部希望通过为公共科研机构赋予“卡诺研究所”标签，促进这些机构与各类企业的协同创新，实现科技成果的商业化。更具体的目标是通过卡诺研究所和企业的合作，创造更多的工作岗位，增加法国的高新科技产品出口量，提高法国的国际竞争力。截至目前，卡诺研究所网络包括 29 家卡诺实验室和 9 家后备卡诺研究所，共有大约 3 万名研究人员（包括 4900 位博士生导师和 9600 名在读博士生），占法国公共科研机构研究人员总数的 18%。这些机构约占有法国市场上企业研发外包合同的 50%份额，平均每年签署 1.1 万份合同，其中大约有 4700 份是与中小企业签署的合作科研合同①。

卡诺研究所网络平均每年在全球 A 类期刊上发表 23500 篇论文，协助 85 家企业开发海外市场，2015 年获得 1020 件专利，成为法国专利数量第二多的科研组织。在其 2015 年度总共 7 亿欧元的合同收入中，有 6 亿欧元来自企业合作研发合同。

2. 功能定位

卡诺研究所网络以其独创性和有效性成为企业创新的有力支持。它具有四大动力引擎，促进企业的科技创新。首先，通过准确分析和把握市场时机，确保与企业的合作研发具有时效性。其次，每年得到政府的稳定资金支持，保证项目规划的实施。再次，科学的管理机制保证对优秀项目进行定期评估和支持。最后，通过网络科学的学科设置和布局，充分发挥每家卡诺研究所的科研实力。法国政府通过对每个项目的评估，结合申请企业前一年的经营状况，确定政府对不同项目的支持额度，确保科研经费的正确使用，实现基于卡诺研究所运营模式的科技成果商业化。

---

① 哈工汇宇. 共享“大潮”中的科技服务模式创新: 卡诺研究院网络解析[EB/OL]. (2023-10-31)[2024-03-01]. https://baijiahao.baidu.com/s?id=1781249863257462601&wfr=spider&for=pc.

卡诺研究所致力于提高合作伙伴的研究水平，鼓励企业创新。通过建立联合实验室，专家团队对产业需求进行动态分析，针对需求进行深入研究，并通过设置保密条款保护企业利益，为企业提供更高水平的专业服务。在学科领域方面，卡诺研究所构建了一个多学科的研究网络，涵盖理论、应用和产业化等各方面。注重依托竞争力集群，推动与企业的研究合作，为企业提供多样化的平台服务、研究服务、协作式项目服务，甚至可以根据企业客户的个性化需求制定相应的合作方案。

3. 卡诺研究所网络管理机制

经过十几年的发展，卡诺研究所网络形成了科学、有效的运营管理体系，为项目的正常推进和日常管理提供了制度保障。整个网络在法国研究部的监督下，由卡诺研究所进行整体管理和提供经费支持。卡诺研究所网络的日常管理由各卡诺研究所协商组建的卡诺研究所协会负责。该协会具体有以下三大职能：

（1）协同和交流。保障信息的及时共享及各方的顺畅交流，提高卡诺研究所网络的国际知名度。

（2）为企业创新提供服务。各研究机构协作支持科研项目的运转，实现对合作企业的支持，以为企业提供优质的服务为目标。

（3）国际交流。与其他国家实验室建立紧密的合作关系，拓展和更多科研组织的合作研究，并积极参与欧洲“地平线 2020”计划。

7.4 对中国的启示

1. 加快发展和完善技术市场建设

在创新驱动发展战略下，我国需要进一步完善市场化的科技服务和技术交易体系，以促进自主创新能力、加快产业结构调整、实现科技成果转化。可以借鉴法国的经验，以“互联网+”为核心，连接各类科技服务机构、科研机构、高校和企业，建立专业高效的科技成果转化市场和交易体系。

2. 推动产学研合作深入开展

我国应深化贯彻落实《促进科技成果转化法》，明确产学研合作渠道，允许人员兼职和离岗创业，为高校、科研院所与企业之间加强合作和人员交流提供法律保障。通过推广产学研合作，集成化推广重大技术成果，培育战略性新兴产业。

3. 拓展多元化科技成果转化支持渠道

可以通过贷款风险补偿方式，将政府引导与市场机制有机结合，引导更多银行加大对科技型中小企业的信贷支持力度。这有助于融资打通，特别是支持绿色驱动。

4. 落实科技成果转化的各项法律法规

我国已通过修订《促进科技成果转化法》等法规，为国家创新体系建设提供了法律制度基础。下一步，需要将重心从制度建立转移到实际执行上，确保相关政策深入科研人员中，从而推动科技成果转化，发挥科技对经济发展的更大作用。应加强对科研人员的政策解读和宣传，让他们充分了解科技制度改革的红利①。

---

① 董琳. 法国技术转移体系简析[J]. 全球科技经济瞭望，2017，32（7）：1-5，10.

08

芬兰科技成果转化实践与经验

芬兰是当今世界上公认的创新型国家之一，是高新技术的聚集地，同时也拥有发达的信息社会和最佳的创新环境①。20 世纪 70 年代以前，位于欧洲北部的芬兰属于相对落后的国家，矿产资源极度匮乏，主要依靠丰富的林业资源发展现代工业，因此芬兰早期的经济发展受到极大的限制。20 世纪 80 年代起，芬兰政府十分重视国家科技的创新和发展，推出一系列有助于国家科技发展和商业化的政策制度。20 世纪 90 年代，芬兰建立起了具有本国特色的科技创新和技术转移体系，有力地推动了本国经济的发展。具体而言，该科技创新和技术转移体系是以企业为主体、市场为导向，产学研（企业、高等院校和研究机构）结合的科研开发和推广应用的有机体系。该体系有效推动了芬兰科技成果的转化，为社会创造了新的就业机会，提升了芬兰企业及其产品的国际竞争力，推动了芬兰经济的快速发展。

8.1 相关政策法律、机制

在芬兰的国家科技成果转化体系建设中，相关的政策法律和机制起到了重要的推动作用。从 20 世纪中后期开始，芬兰先后推出了一系列促进科技成果转化的政策法规和制度，以科技计划为抓手，整合全国各类科技资源，在政府的主导下建立起较为完善的科技成果转化体系，极大地支撑了芬兰高新技术产业的发展②。

---

① 芬兰：产学研互动走出创新舞步[EB/OL].(2012-04-12)[2024-03-01]. http://www.jjckb.cn/2012-04/12/content_369141.htm.

② 鲁礼瑞，屈昌涛，张心怡，等. 芬兰产业技术转移的政策演进[J]. 华东科技，2010（7）：25-26.

8.1.1 相关政策法律

1. 国家专业中心（COE）计划

1994 年，芬兰制定了国家专业中心计划的研发促进政策，目的是利用高阶知识与专业人才增进区域的专业化，深化官产学之间的互动与动能，有效激活创新环境，助推国家科技成果的转化。

国家专业中心计划的运作模式是以产业集群为基础，涵盖科技、能源等 13 个专业领域。个体专业能力和技术学院的区域特色是形成每一个独特集群的基础，有效地结合了年轻大学生的创意及拥有丰富经验及技术知识的退休高阶专业人才的优势。创立的集群通过提供有价值的知识服务和社会网络，助力产业创新，为企业创造更高的价值与更大的商业利益。在该政策的指引下，芬兰的各集群之间形成了紧密的网络合作关系，提升了芬兰区域与产业集群的国际竞争优势。

2. 技术专业中心（OSKE）计划

1994 年，芬兰制定了技术专业中心计划，旨在通过改变原来科学园要素简单整合的不足，促使科学园进一步发挥科技创新和科技孵化的作用。技术专业中心计划的提出极大地推动了芬兰工业的发展，促使芬兰从农业国向工业国转变。具体来说，技术专业中心计划要求芬兰各个地区建造专家技能中心，每个专家技能中心都为一个地方产业集群提供服务。此外，技术专业中心计划规定国内设立的每一个技术专业中心的核心都会区都要有至少一所大学，并且大学内的一个或多个院系要和政府政策推动的地区产业创新重点方向有着密切关联①，从而使这些专家技能中心发展成为各个地区产学研合作核心。这些专家技能中心在所在区

① 鲁礼瑞，屈昌涛，张心怡，等．芬兰产业技术转移的政策演进[J]．华东科技，2010（7）：25-26.

域内企业或机构引进国内外新兴技术过程中，在推动企业创新创业、产品和技术孵化和产业化，以及促进当地经济发展等方面都发挥了重要作用。

总的来说，技术专业中心计划的核心是根据不同地方的优势产业建立产业专家技能中心，通过集中行业内各个方面的技术专家资源与商务专家资源，为产业内中小企业提供技术创新服务。除了为产业内企业的发展面临的各种技术难题提供服务外，该计划还有助于解决产业发展的共性技术与商业拓展技术问题，有利于推动芬兰科技发展和技术产业化。

3. 产权法案

芬兰科技成果转化的相关法律以推进产业内产学研合作为主体。2007 年开始，芬兰陆续推出了鼓励科技发明的《职员发明法案》和《高等教育机构发明权利法案》，保护科技成果的《专利法》《版权法》等，这些法案提出允许大学拥有其资助的研究所产生的发明的所有权，而之前规定所有权是归发明人所有的。这有利于推动高校与研究所的合作，提高科技发明的效率，为芬兰的科技成果转化奠定了基础。2009 年，芬兰对《大学法案》进行了修订，目的是通过大学的科技成果转化加强大学对社会的影响。修订后的法案重点规定了知识产权的权利分配问题，在原法案的基础上将科技研究进行了细分，主要分为合同研究、开放研究及其他类型的研究。

所谓的合同研究与在私人部门进行的研究等同。从某种程度上来说，高等教育机构拥有合同研究所产生成果的主要权利，而开放研究则允许研究人员进行自由的探索，发明人拥有研究成果的所有权，发明人所在的大学则拥有次级所有权。研究者所在的机构可以在研究者表明不再利用其成果的情况下，有权利获得和利用该成果的所有权。这两种以外的研究，则被归为第三类研究。修订后的《大学法案》给予了大学及其研究者自由选择合作方式的权利，既保护了发明者的合法权益，又有利于促进高校的科技发明，提升科技成果的数量，促进科技成果的转化。

8.1.2 机制

为了有效地支持和促进国家的科技成果转化，芬兰政府不仅建立了自己的科技成果转化政策及法律体系，还根据本国的实际情况设立了相应的科技成果转化机制来实际支持其国立科研机构与大学的科技成果的转化活动。例如，芬兰从 20 世纪 80 年代初期设立科学园到逐步推出 SPINNO 计划、SHOK 计划、奥卢发展协议、FinNode 计划等（表 8-1），每个计划都各有作用和特点。例如，SHOK 计划将芬兰的优势资源集中至国内六大战略产业，以企业为创新主体，产学研合作解决共性技术与关键技术问题，在市场与公益之间寻找平衡；FinNode 计划建立开放式创新平台，集聚全球的科技创新战略资源为芬兰所用，同时也使芬兰的科技创新成果在全球范围得以产业化。地方的 SPINNO 计划和奥卢发展协议配合芬兰国家相关政策，为地区企业提供知识和帮助。这些机制既是推动芬兰科技成果转化机制的主线，也是芬兰科技成果转化体系中必不可少的一部分。

表 8-1 芬兰科技成果转化相关机制

年份	机制	目的与作用
1991	SPINNO 计划	支持企业的创新理念商业化、高新科技型企业国际化发展
2006	SHOK 计划	创建一个全新的、更加有效的体系，实现企业与大学、科研机构及资金资助机构之间切实有效的合作
2006	奥卢发展协议	为地区企业提供多样化的知识和专业人士的帮助，支持该地区科技成果的转化
2007	FinNode 计划	鼓励企业、科研机构以及其他创新主体间的产学研合作和商业合作，促进国家的技术专业中心和集群的国际化进程

总体而言，芬兰的科技成果转化机制以战略计划为主，以提升产业技术创新的科学园计划为辅。科技成果转化体系的载体是科学园，其承担着对产学研的基本要素进行整合的职责。芬兰通过一系列科学有效的战略机制，建立并完善了产业科技成果转化体系，为创新产业集群的发展提供了重要的战略平台，有效地推动了芬兰科技成果的转化。

1. SPINNO 计划

1991 年，赫尔辛基地区推出了 SPINNO 计划，目的是支持企业的创新理念商业化、高新科技型企业国际化发展。SPINNO 计划充分利用商业顾问、市场营销专家、法律专家、投资家等人脉，芬兰国家技术创新局（Technology Development Centre of Finland，Tekes）等公共机构，以及民间赞助商提供的运营资金开展各种各样的研究讨论会、讲习班，有效推动了该地区科技知识的传播，提升科技成果转化效率①。

2. SHOK 计划

2006 年，芬兰科学与技术政策理事会推出了 SHOK（国家科技创新战略中心）计划，旨在创建一个全新的、更加有效的体系，实现企业与大学、科研机构及资金资助机构之间切实有效的合作。SHOK 计划规定，国家会推选出对社会、经济及产业发展具有重大意义的六大产业领域，并且推动每个领域内的企业自愿形成企业集群，集群之间通过联合国内国际顶尖研发机构组成非营利性有限责任公司，联合解决研发产业内共性技术问题②。

SHOK 计划的实施真正实现了以企业创新为主体，以官产学研的非营利性法人为实体，共同解决产业发展的关键技术与共性技术难题，实

---

① 芬兰技术转移市场动向相关调查研究[EB/OL].（2017-06-14）[2024-03-02]. https://kjt.henan.gov.cn/2017/06-14/1525677.html.

② 上海技术交易所. 产业技术转移之芬兰模式（二）以国家创新战略中心及 FINNODE 渠道网络为载体：国家驱动的产业技术转移模式[J]. 华东科技，2010（7）：24.

现了企业的公益性与商业性之间的平衡，有利于促进产业界与学术界的长期合作，为顶尖学术机构和应用学术成果的企业提供了一个广泛的、紧密的合作方式，共同推动了国家的技术发展和产业化。

3. 奥卢发展协议

2006 年，奥卢市与奥卢地区多样的运营体（公共机构与产业界）共同制定了相互交往的协议——奥卢发展协议。该协议主要针对芬兰的 IT、生物、环境等高速发展的领域，也包含所有产业相关的商业开发项目及物流项目①。该协议为奥卢地区企业提供了多样化的知识和专业人士的帮助，支持了奥卢地区的科技成果转化。

4. FinNode 计划

2007 年，FinNode（芬兰创新网络）计划正式实施，旨在鼓励企业、科研机构及其他创新主体间的产学研合作和商业合作，促进国家技术专业中心和集群的国际化进程。FinNode 实际上是由芬兰国家技术创新局、芬兰贸促会、芬兰科学院、芬兰创新基金会（CSITRA）、芬兰技术研究中心（VTT）组成的一个公共的和非营利性的团体，分别在中国上海、美国硅谷、俄罗斯圣彼得堡、日本东京及印度班加罗尔设立分部。

FinNode 计划整合了芬兰五大主要的产业技术转移体系的公共服务部门在国际上的分支机构，成为芬兰产业集群技术转移的主要国际通道，推动了芬兰产业的国际技术合作和商业合作，促进芬兰科技成果的商业化。

8.2 主要机构

除了芬兰科技成果的转化政策和相关法律之外，芬兰的相关机构也

① 芬兰技术转移市场动向相关调查研究[EB/OL].(2017-06-14)[2024-03-01].https://kjt.henan.gov.cn/2017/06-14/1525677.html.

对芬兰的科技成果转化起到了重要的辅助作用。芬兰的科技成果转化机构的主要作用是制定相关的政策、提供相关信息，以及成为政府和企业间沟通的桥梁。芬兰科技成果转化的相关机构从国家层面的科学与技术政策委员会（Science and Technology Policy Council，STPC）、贸易和工业部（Ministry of Trade and Industry）及教育部（Ministry of Education），到半官半民的芬兰国家研究发展基金（SITRA），都对芬兰的科技成果商业化起到了重要的推动作用。

1. 国家技术创新局

芬兰就业与经济部成立的国家技术创新局（Tekes）是芬兰负责科技研究与开发的国立机构。设立 Tekes 的目的是为工业项目和研究机构、大学的项目提供政府性的资金资助，促进研究成果商业化，在芬兰国家创新和科技成果转化体系中占有十分重要的地位①。该机构设有 15 个事业所，在东京、布鲁塞尔、圣何塞、华盛顿等城市均设有办事处，每年的服务对象包括近 3000 家公司企业、50 所高等院校和 800 多个研究机构，每年资助的研发项目达 2000 个②。

设立 Tekes 的目的是促进芬兰企业与高等院校及科研机构联合开发新产品，联手进行创新活动，有利于研究成果在产生时即转化为生产力，提高芬兰科技成果的转化效率。除了提供研发项目的资金外，Tekes 也致力于研发相关情报的提供、人才的合作支持；在项目研究成果商业化的同时，Tekes 还设立课题解决构建面向基础研究的商业案例时专业能力不足的问题。Tekes 并不鼓励大学和研究机构闭门搞研究，而是奖励那些根据市场需求调整研究方案的单位。

Tekes 是一个注重产学研协同的机构，不仅帮助企业在有限的资金预

---

① 潘琦. 解析芬兰国家创新体系[EB/OL].（2013-12-17）[2024-06-05]. http://www.chinatorch.gov.cn/jssc/gjjy/201312/756e97afe631485fab6d1263fc263b7f.shtml.

② 芬兰：产学研互动走出创新舞步[EB/OL].（2012-04-12）[2024-03-27]. http://www.jjckb.cn/2012-04/12/content_369141.htm.

算下提升研发的质量和生产力，还有效促进了国家创新体系内各个要素之间的紧密联系。这对于促进科技成果的转化和产业化发挥了至关重要的作用，并且加速了芬兰项目研究成果的商业化过程，已成为推动芬兰产学研体系建设和国家科技成果转化体系中不可缺少的一部分。

2. 芬兰国家研究发展基金

1967 年，芬兰国会设立了管理风险资本的独立性公共机构——芬兰国家研究发展基金。SITRA 是一家具有政府政策性功能而又实行市场化运作的公共基金，具有支持手段多样化和支持目标综合化的特点。SITRA 通过与民间资本的配合和衔接，建立国内外基金合作网络，有效发挥了对国内外资本的引导和带动作用，将资金引向科技的创新和产业化中，为国家科技成果转化提供了资金支持。SITRA 会根据投资收益和基金情况，对孵化器运营公司、科技园、风险企业等进行投资，此外，其也会对民营风险企业投资，帮助这些企业的科技成果实现商业化①。

3. 芬兰贸易协会

1919 年，芬兰成立芬兰出口协会，1938 年改名为芬兰外贸协会，1999 年改名为芬兰贸易协会（FINPRO）并沿用至今②。FINPRO 总部设在赫尔辛基，是促进芬兰企业国际化、支持海外事业开展的半官半民的机构，运营资金源于国家和企业，在全球 40 多个国家和地区设立了 51 个办事处③。

FINPRO 的设立是为了收集科技发展相关信息，支持国家和企业的科技发展和科技成果转化。此外，该机构也有利于维系企业与当地政府

---

① 芬兰技术转移市场动向相关调查研究[EB/OL].(2017-06-14)[2024-03-27].https://kjt.henan.gov.cn/2017/06-14/1525677.html.

② 芬兰贸易协会[EB/OL].(2021-09-09)[2024-06-05].https://www.coicjs.org/art/2021/9/9/art_2485_1098.html.

③ 芬兰技术转移市场动向相关调查研究[EB/OL].(2017-06-14)[2024-06-05].https://kjt.henan.gov.cn/2017/06-14/1525677.html.

的关系，因为该机构为政府提供企业创新和科技发展所需的信息和支持，帮助政府制定相关的政策和法规；同时，也向企业传达政府的发展规划和愿景，帮助企业确立发展方向，有效推动了芬兰的科技成果商业化。

4. 芬兰科学院

1970 年，芬兰教育部设立芬兰科学院（Academy of Finland）。该机构的设立是为了提升芬兰科研在国际上的地位，鼓励研究创新和新知识的传播，保持其多样性和不断更新的竞争能力，并促进芬兰科研在文化、社会福利及经济方面的广泛应用。

芬兰科学院重点负责资助大学和科研机构的基础研究和部分应用研究，其 85%的经费用于大学科研工作。其资助的研究领域涵盖所有学科，从考古到空间科学研究，从细胞生物学和心理学到电子学和环境科学①。芬兰科学院的设立，极大地推动了芬兰产学研的合作与发展，推动了芬兰的科技创新。

8.3 典型案例

在芬兰科技成果转化体系中，科学园扮演着重要角色。芬兰科学园最大的特点就是科技与生产力发展的完美结合，帮助芬兰推动国家创新和科技成果转化。在芬兰众多的科学园中，奥卢科技园（Oulu Technopolis）是成立时间最长、在芬兰科技成果转化中起到重要作用的科技园之一。

1982 年，芬兰在斯堪的纳维亚半岛建立了第一个科技园和欧洲最大

① 芬兰技术转移市场动向相关调查研究[EB/OL].(2017-06-14)[2024-06-05]. https://kjt.henan.gov.cn/2017/06-14/1525677.html.

的技术中心——奥卢科技园，是一个兼具高等教育、研究和技术转让的组织。奥卢科技园的重要工作就是促进科学研究单位与工业产业相结合，推动大学与技术学院的研发成果向地方产业转移，兼具科技企业孵化器、工业园、风险投资机构等的功能。该科技园设立的目标还包括发展更多科技型小企业、扩大就业、繁荣经济等，诺基亚手机就诞生在奥卢科技园内。截至 2020 年 7 月，奥卢科技园已经为 1300 多家公司和组织提供了办公场所，并设立了 4 个孵化基地，客户数量达 180 多个，每年能得到政府超过 600 万欧元的投入，科技园内技术的孵化成功率达 86%①。

奥卢科技园的主要运行特点为：一是在诺基亚等高科技企业的引领下设立的，采用股份合作制的经营模式，实现权益共享、风险共担、自负盈亏，这大大提高了科技园的运营效率。二是芬兰政府建立了完善的创业资金支持体系，通过设置鼓励资金、启动资金和政府担保制度，为创业企业提供较为充足的资金支持，促进先进技术集成应用，实现产业组织形态变革，从而大幅提高全要素生产率，极大地激发了创业者的热情。三是将科技成果转化作为主要的目标之一，构建大学、研究机构与科技园的深度合作机制，并为科技成果产业化提供专业化的服务，促进技术创新所需的各种生产要素的有效组合，构建起互利互惠、相互依存的创新生态体系②。

简而言之，芬兰建立了较为完善的政策法规制度，这些政策的重点各有不同，从以推动产学研的合作为起点，到为了推动地方创新产业发展在各个地区建立专家技能中心，再到从国家层面建立开放式创新平台，聚集全球科技资源，解决关键技术难题，同时寻找市场和公益间的平衡，推动国家高新技术企业的创新和科技成果的商业化。不仅如此，芬兰还

---

① 王楠，王凡，曹方. 科技城丨世界四大科学中心成果转化与产业发展借鉴[EB/OL]. (2021-01-28)[2024-06-05]. https://www.thepaper.cn/newsDetail_forward_10977389.

② 同上。

根据本国的实际情况设立了相应的科技成果转化机制，支持其国立科研机构与大学的科技成果转化活动。此外，也有作为中介的相关的技术转移机构向上提供政策建议，向下提供咨询服务，使芬兰的科技成果转移体系形成闭环，有效推动芬兰的技术发展和科技成果产业化。

8.4 对中国的启示

1．加强政府政策引导，推动科技成果转化

芬兰的科技成果转化体系中，政府制定的一系列促进科技成果转化的政策法规和制度起到了重要的推动作用。对我国的启示是，政府可以进一步转变职能，为促进科技成果快速转化做好政策引导等宏观方面的工作。例如，通过制定科技产业发展政策及促进技术转移的优惠政策，开展前瞻性和战略性研究，明确未来的关键技术、重点产业和领域，以引导我国科技和产品的产业化发展，建立起国家科技发展优势。

2．深化产学研合作机制，形成成果转化合力

产学研合作是芬兰科技成果转化体系中的一大特色，这样一个跨界交流的环境可以促进芬兰科技信息交换和技术扩散，有利于将高等教育、研发生产和科学研究等活动有机结合。因此，借鉴芬兰产学研合作机制的成功经验，我国需注重官产学研体系的建立和完善，积极鼓励各类高校、科研机构、科技服务机构之间进行交流和合作。同时鼓励各类机构间打破行政管理界限，整合各专业领域的优势资源，制定和完善人才与信息的开放共享机制，构建起政府、高校、科研院所、中介机构、企业间和谐的科技成果转化系统。

3．大力促进大学科技园的建设和发展

理论研究和实践经验都证明，大学科技园是校园文化和企业文化的融合区，是促进和加速高校科技成果转化的理想的孵化器。大学科技园既能为研究者提供就业机会和研发设施，也能为初创企业提供政策、资金、中介等方面的服务，大学还可以源源不断地为园内企业提供人才、技术成果和技术支持，从而对高校的应用研究、开发研究及科技成果转化起一个良好的示范效应。因此，我国政府应该鼓励有条件的高校积极创办大学科技园，同时在政策和资金上给予相应的支持。

09

韩国科技成果转化实践与经验

韩国拥有三星、LG、SK 等一系列实力雄厚的企业集团，并且其电子、汽车等先进技术领域在全球产业链中占据重要位置①。韩国取得的备受瞩目的经济成就，离不开韩国政府大力发展科技产业和推动科技成果转化。为了推进国家科技成果转化，在政府的主导下，韩国已经形成了以企业为开发主体，国家承担基础、先导、工艺研究和战略储备技术开发，产学研结合和有健全法律保障的国家创新体系，以及企业科研机构与官方科研机构、大学结合研究的科技发展和成果转化体系。在韩国的科技成果转化体系中，韩国技术转移中心是影响最大的机构，其有效提高了公共研究机构进行技术转移的能力②。通过政策法律体系引导、转化机制推动、特色转化机构支撑交流，韩国构建了较为完备的科技成果转化链条，促进了韩国科技成果的转化和经济的发展，提高了韩国的科技竞争优势。

9.1 相关政策法律、机制

近十几年来，韩国政府为推动技术转移与产业化发展，制定了一系列法律及税收、金融方面的政策措施，建立了较为完善的扶持政策体系，科技成果转化与产业化目标明确，有法可依，并形成了较完善的战略规划体系。

---

① 韩国大力支持基础研究成果转移转化[EB/OL].(2023-03-29)[2024-06-06]. https://finance.sina.com.cn/jjxw/2023-03-29/doc-imynpazn5124975.shtml.

② 张艳青，李立. 发达国家的技术转移机制及对我国的借鉴[J]. 青岛科技大学学报（社会科学版），2015，31（1）：99-104.

9.1.1 相关政策法律

1.《技术转移促进法》

1997 年，韩国颁布了《科学技术创新特别法》，并于 1999 年进行了修订，该法成为韩国建立国家创新体系的法律基础，促进了韩国科学技术的发展。在此基础上，2000 年，韩国颁布了《技术转移促进法》，并于 2001 年作出修订，这一法案成为韩国科技成果转化体系建设的起点。修订前的《技术转移促进法》规定国立、公立大学和学院的教授所取得的职务发明须转给国家或地方政府，从而将授予的专利权归属国家或地方政府①。这一条例没有起到鼓励研究者创新的作用。

2006 年，韩国对《技术转移促进法》进行了第二次补充修订，并更名为《关于促进技术转移与产业化的法律》，制定了《关于促进技术转移与产业化法律的实施令》。第二次修订后的《技术转移促进法》规定，在国立、公立大学和学院建立公司来承接技术转让许可费，从而使国立、公立大学或学院获得拥有和使用专利权的权利。以第二次修订的《技术转移促进法》为基础，技术转移的主管部门产业通商资源部制定了《关于促进技术转移与产业化法律的规定》。

2. 技术转移与产业化促进计划

根据《关于促进技术转移与产业化法律的规定》，韩国政府先后 6 次制定了技术转移与产业化促进计划②，该计划极大地促进了韩国的科技成果转化。具体而言，2000 年，韩国推出第 1 次技术转移与产业化促进计划（2001—2005 年），目的是设立技术交易所并构建技术情报网等

---

① 外国技术转移政策及支持计划[EB/OL].(2014-12-09)[2024-06-05]. http://www.idmresearch.com/news/html/?730.html.

② 富贵，陈炳硕. 韩国技术转移体系建设概述[J]. 全球科技经济瞭望，2017，32（7）：11-14.

基础设施。之后，韩国政府实施第 2 次技术转移与产业化促进计划，并将《技术转移促进法》更名为《关于促进技术转移与产业化的法律》。第 3 次技术转移与产业化促进计划实施的目的是引入发展资金和创新资本，建立技术信托制度，解决技术成果产业化的资金资助问题。第 4 次技术转移与产业化促进计划的实施，则提高了公共研究机构科技成果转化的专业性，加大了对中小企业的支持力度。2014 年，韩国政府再次推出第 5 次技术转移与产业化促进计划①，提出了保障技术交易市场顺利运行、保证中介利益等科技成果商业化促进方案②。

2017 年，韩国实施第 6 次技术转移与产业化促进计划。与前五次促进计划不同，该计划在第四次产业革命背景下设立了相应的目标，以应对技术创新周期缩短和市场变化加快的局面。该促进计划的主要目标：一是企业通过外部技术（共同研发、技术购买、企业并购）引进，获得技术的比重提高至 30%；二是公共机构的技术转移率提高到 40%；三是技术转移后，产业化成功率提高至 20%。第 6 次计划还提到，韩国政府将从三个方面优化技术转移模式：第一，从自主研发技术向技术购买转变；第二，从公共技术转移向以市场为中心的技术交易转变；第三，从重视研发投入规模向重视研发成果推广转变。为此，政府从技术需求、技术供给、技术转移生态环境、跨部门协调机制四个方面制定了 12 个具体实施计划。

2022 年 10 月 17 日，韩国产业通商资源部联合韩国产业技术振兴院公布了一项针对公共研究机构的技术转移及产业化的现状调查报告，该报告旨在了解 2021 年的技术转移和产业化情况。利用这项调查结果，韩国产业通商资源部灵活制定计划并与相关机构共同推出第 8 次技术转移

① 宋微．韩国促进技术转移与产业化的主要政策及推进计划[J]．全球科技经济瞭望，2016，31（12）：50-54.

② 张艳青，李立．发达国家的技术转移机制及对我国的借鉴[J]．青岛科技大学学报（社会科学版），2015，31（1）：99-104.

与产业化促进计划（2023—2025 年）。

3.《产业教育促进与合作法》等

2000 年开始，韩国先后推出了《产业教育促进与合作法》《科技成果转化促进法案》等一系列有利于促进高校科技成果转化的法律，希望通过产学研和地区联合来提高科技成果的转化率①。在这之后，韩国推出了不同形式的产学研合作新模式，更加重视知识产权的运用和保护。其中，最具代表性的是产学研合作基金会（Industry University Cooperation Foundation）模式②。该基金会根据《产业教育促进与合作法》修订案中的条款设立，将已有的众多促进产学研合作的机构和组织贯穿起来，形成体系化的科技成果转化机制③。

4. 韩国专利信托管理政策

2008 年，韩国知识经济部推出了专利信托管理制度，以促进技术转移与产业化。该制度为了促进科研院所、大学以及大企业等未被利用的技术或专利的转移及产业化④，将用于不动产、现金等资产管理与运营的信托方式运用到技术与专利领域。

此外，委托者资助制度、专利信托管理机构资助制度、民间技术转移组织资助政策（为了促进民间技术转移专家参与，有利于缩短转移周期和提高收益）、技术需求者资助政策（实施周期是技术转移到产业化阶段，提供产业化资金资助和追加研发等资助项目）等政策都是专利信

---

① 杨哲，张慧妍，徐慧．韩国高校科技成果转化研究：以“产学研合作基金会”为例[J]．中国高校科技，2012（11）：11-14，19.

② 同上。

③ 国外科技成果转化办法汇总与借鉴[EB/OL].(2023-01-04)[2024-06-05]. https://www.docin.com/p-1768786414.html.

④ 王俊，任真．韩国的技术转移与产业化[J]．全球科技经济瞭望，2010，25（4）：32-38.

托方面的资助政策①。这些政策的推出解决了专利归属权等问题，保障了发明者的权利，促进了韩国科技的创新和商业化。

5．税收优惠政策

企业科技成果转化是有成本的，为了鼓励企业推进科技成果转化，韩国推出了一系列鼓励科技成果市场化、产业化的税收优惠政策②。主要包括：

（1）技术转让所得税及市场开发减免制度。韩国的《租税特例限制法》规定：对申请专利或实用新型的本国人转让或出租该技术的所得，转让自我开发的技术工艺所得收益减免相关费用；对处于市场开发适应期的技术转让产品，给予减免特别消费税的优惠待遇；对于转让给本国人的所得，给予全额免征个人所得税或法人所得税的待遇；对于转让给外国人的所得，减免税率为个人所得税或法人所得税的50%；对符合法律规定的工程技术项目和信息处理相关的行业，自其营业有收入的年度起对其项目所得按50%征收所得税③。

（2）将一定比例的新技术产业转化为投资的企业实行税收抵扣等优惠办法以促进国内技术的产业化。政策优惠对象范围包含获得专利的国内技术，国产纳入扶持项目的、符合要求进行登记的实用新型技术和产品，非营利法人性质的研究机构开发的技术成果等。对以上范围的新技术产业化投资的，可按照相应的比例在投资当年纳税年度中的所得税或法人税中予以抵扣，或将其作为特别折旧计入成本。当作为特别折旧计算时，特别折旧率为新技术产业化资产投资额的30%，使用国产材料时

① 宋微．韩国促进技术转移与产业化的主要政策及推进计划[J]．全球科技经济瞭望，2016，31（12）：50-54.

② 张艳青，李立．发达国家的技术转移机制及对我国的借鉴[J]．青岛科技大学学报（社会科学版），2015，31（1）：99-104.

③ 国家发展改革委经济研究所财金室课题组，王蕴，孙学工，等．韩国支持产业升级和结构调整的经验和做法[J]．中国经贸导刊，2007（7）：52-53.

比例为50%①。

（3）加大对风险企业的税收优惠力度。对处于创业期的风险企业、技术集约型的中小企业给予特别的税收优惠，以扶持技术集约型等风险企业的发展。政策优惠对象范围包含通过招标确认的、国内需要的技术项目和科技主管部门认定的新技术；中小企业创业投资公司及出资支持的创业者项目；政府研究机构、企业研究所、非营利性研究机构及大学的研究成果；通过登记的实用新型项目；产业通商资源部通过招标确认支持的项目；按照相关法律引进的国外技术等。对符合规定的项目，对创业法人登记的资产给予75%的减免，在创业期的5年内每年减免50%的所得税，在创业期的2年内得到的事业不动产按照75%的比例减免所得税，并在创业期的5年内减免50%的财产税和综合土地税。

6. 大企业与中小企业“同伴成长”战略

韩国于2006年制定了《大企业与中小企业同伴成长促进法》。该法规定，大企业需要与中小企业签订协议，向中小企业派遣研发人员、协助中小企业开展技术产业化，提供相关的技术帮助，并利用自己的销售渠道帮助中小企业开拓产品市场。韩国国家公平交易委员会监督双方签署合作协议，具有强制性。例如，2013年，Pavonine公司与三星电子签订协议，并接受了三星电子转让的铝加工技术和18名技术人员。在三星电子的协助下，该企业成功开发出85英寸大型铝合金电视机框架。此后，Pavonine从即将倒闭的公司发展为具有很强国际竞争力的企业，成为三星电子固定的配套合作企业。

9.1.2 机制

为了促进科技成果转化，韩国政府实施了一系列的计划措施。韩国

① 国家发展改革委经济研究所财金室课题组，王蕴，孙学工，等. 韩国支持产业升级和结构调整的经验和做法[J]. 中国经贸导刊，2007（7）：52-53.

的科技成果转化体系以企业为主体、市场需求为导向，经过多年的探索，形成了多种科技成果转化机制，对推动韩国科技成果转化起到了十分重要的作用。

1. 技术转移及产业化补偿机制

1997年，韩国设立专门的技术评估中心，目的是评估技术价值及制定合理的补偿机制。韩国在《关于促进技术转移与产业化法律的实施令》中对公共研究机构技术转移补偿标准作出了原则性规定：技术发明者可获得50%以上的技术转移报酬，相关贡献者可获得10%以上的报酬。目前各研究机构根据相关规定自行制定规则，补偿方式与标准各有不同，政府不参与分配①。

2. 国家技术产业化信息平台

2010年，韩国设立了国家技术产业化信息网（NTB），主要的作用是将技术供给方、需求方，以及信托、担保、金融、技术评估等政府扶持措施整合到一个开放的网络中，即“技术银行”。这个平台具有三项功能：一是技术对接。大学、研究机构和企业的技术录入平台系统后，平台负责寻找需求企业，提供金融扶持、技术评估和政策咨询等对接服务，需求方也可登录平台网站寻找技术。二是技术信托管理。为技术和专利所有者寻求需求企业，提供咨询和法律诉讼、代办技术转移手续等服务。三是技术捐赠管理，管理无偿捐赠的技术。技术成功转移或产业化后，根据相关规定，向技术捐赠者提供补偿，保护捐赠者利益。

3. 产学研共同研究法人制度

为了推动技术转移和产业化的合作机制，韩国设立了产学研共同研究法人制度（图9-1）。该制度通过将研究机构的技术、企业资本、品

---

① 富贵，陈炳硕. 韩国技术转移体系建设概述[J]. 全球科技经济瞭望，2017，32（7）：11-14.

牌、销售渠道和大学结合起来，共同设立股份企业①，提高科技成果转化的成功率。在这一制度中，企业通过参股，负责产业化与市场开拓，这一方式有效缩短了技术产业化周期，提高了科技成果转化的成功率。

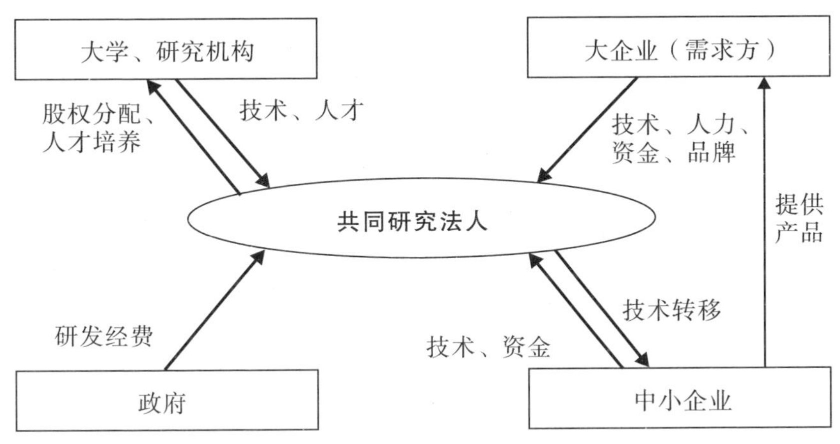

图 9-1 产学研共同研究法人制度

4. 技术共享制度

韩国推出的技术共享制度，有效推动了企业间的技术转移。技术共享制度规定，大企业需要通过多种渠道，不定期向中小企业无偿转让专利与技术。例如，2014 年，LG 显示器公司成功向中小企业无偿转让了经韩国产业技术振兴院评估的 35 项技术；现代汽车向其经营的光州创新中心提供 1000 项燃料电池技术专利供创业者和小企业无偿使用，并为专利使用者提供咨询和融资服务。大企业向社会无偿提供专利与技术，能积极推动创新创业发展②，有效带动中小企业的科技成果转化。

① 蔡庆勋．为实现创造经济，促进国家研发成果技术转移方案研究[R]．首尔：科技企划评价院，2013.

② 富贵，陈炳硕．韩国技术转移体系建设概述[J]．全球科技经济瞭望，2017，32（7）：11-14.

5. 金融扶持体系

1980 年，韩国为了促进中小企业科技成果的转化，成立了技术担保基金，设有专业技术评估中心的技术担保基金为中小企业提供技术转移和产业化过程中的贷款和融资担保。例如，韩国产业银行于 2012 年设立了约 1.8 亿美元的知识产权基金和约 1 亿美元的研究开发特区基金，扶持韩国 5 个研发特区的技术转移。

9.2 主要机构

1. 韩国电子通信研究院

1967 年，韩国政府成立了韩国电子通信研究院（Electronics and Telecommunications Research Institute，ETRI）。该机构是一所由韩国政府出资设立，为引领韩国科学技术发展的国家级研究机构，主要通过促进信息、通信、电子、广播、半导体、材料等信息与通信技术（Information and Communications Technology，ICT）领域的技术研发和技术成果转化，促进国家经济与社会发展。ETRI 拥有技术商业化合作体系以推动企业成功实现技术成果转化，并帮助中小企业及中坚企业提高技术实力，使中小企业成为 ICT 领域实力雄厚的企业①。

ETRI 与企业的主要合作内容包括建立技术成果转化合作网络、实施成果转化支持方案、创造/管理/应用知识产权、中小企业合作、支持创业/研究所企业等，特别是提供成果转化支援方案，使研发成果能够扩散

---

① 中国国际科技交流中心. 2020 全球百佳技术转移案例 28：韩国电子通信研究院（ETRI）[EB/OL].(2021-04-07)[2024-06-07]. https://www.ciste.org.cn/gjjsmy/gjjsjylm/art/2023/art_570b4c3cad7d4ece9eee9803ce1447cf.html.

到技术转让、成果转化、创业等产业，与中小企业培育和创造就业机会相结合；此外，为研究人员成功创业提供从发掘创业理念到商业模式（BM）升级、指导、法人设立、成长支持等综合支持。

自 1976 年成立以来，ETRI 创造了很多卓越的研发成果。例如，在 20 世纪 80 年代开发了电子交换机，开启了韩国一户一电话时代；国家主导的 DRAM 半导体奠定了韩国成为半导体强国的基础；与美国高通一起研发的 CDMA 移动通信技术在全球最先实现了 CDMA 商业化。近年来，ETRI 开发的网络技术能让用户在 5G 网络和 Wi-Fi 网络之间无缝切换。四十几年来，ETRI 引领着韩国经济的发展，推动着国家信息化，并让韩国加速向 ICT 强国进军。

2. 韩国科学技术院

以研究生培养和科学研究为主的韩国科学技术院（Korea Advanced Institute of Science and Technology，KAIST）是韩国的一流大学，也是推动韩国科技成果商业化最重要的大学机构。

为了加速科技成果转化，KAIST 设立了技术创新中心（Technology Innovation Center，TIC）和技术商业孵化器（Technology Business Incubator，TBI）。TIC 为具有新技术思想而无研究条件的人提供研究场所和设备租用服务，研究获得成功者还可以到 TBI 作进一步的研究与开发，最终开发成功后就可以交付企业或新成立企业进行产品生产，这有效地推动了韩国的科技成果转化。

KAIST 设有约 70 家研究中心，从事大量的研究与开发、技术转移和科技成果商业化活动，而且工业界资助的科研项目的数量一直处于增长状态①。KAIST 的设立既提高了科技产品的产出，为科技成果的产业化奠定基础，也提高了韩国的科技成果转化率，进而促进了韩国经济的发展。

---

① 韩国科技成果转化和技术创新的主要特点[EB/OL].(2021-06-05)[2024-06-05]. https://www.renrendoc.com/paper/131879948.html.

3. 韩国技术交易所

2000 年，在政府和民间共同出资支持下，韩国产业通商资源部成立了韩国技术交易所（Korea Technology Transfer Center，KTTC）。KTTC 是韩国从事技术转移的组织，主要通过建立国家技术转让数据库和网络来构筑公共及民间部门的技术转移体系，为技术供求双方提供技术交易平台及技术交易支持系统①。

KTTC 推进技术产业化的模式主要有企业并购、技术交易和技术评估等，其先进的运行机制使之成为韩国目前最具规模的国家级技术转移机构②。

4. 韩国科学技术研究院

韩国科学技术研究院（Korea Institute of Science and Technology，KIST）建于 1966 年，坐落于首尔市北部。从成立之日起，KIST 就一直是带领韩国科学技术复兴和发展的领导性机构之一③。

KIST 设立了技术转移办公室，旨在推动韩国的技术开发、技术转移及产业化发展。KIST 的技术转移办公室主要负责挖掘与转移前景的技术，根据国家未来技术需求，战略性地推进国家研发项目的实施，负责对所拥有的原创技术的价值进行评估，开发能够满足技术需求者要求的技术，并实施对各种市场、专利及技术等的调查，通过独立的技术转移说明会与各种技术转移路线来挖掘关于专有技术的需求。此外，KIST 也会提供和技术转移与产业化相关的服务，还能根据技术需求者的需求进行合适的技术转移。技术转移办公室通过提供“追加研发”及“公共研

---

① 王俊，任真．韩国的技术转移与产业化[J]．全球科技经济瞭望，2010，25(4)：32-38.

② 全球知名技术交易平台和技术转移机构介绍[J]．中国高新区，2010（7）：40-42.

③ 韩国科技成果转化和技术创新的主要特点[EB/OL]．(2021-06-05)[2024-06-05]．https://www.renrendoc.com/paper/131879948.html.

发”等多样化的技术转移计划，实现原创技术的产业化。

5. 技术转移专门机构

韩国的技术转移专门机构（TLO）是在《关于促进技术转移与产业化的法律》规定下，在每个政府资助的研究机构（包括大学）内设立的专门的技术转移机构①。

TLO 主要负责知识产权管理、挖掘专有技术、民间技术转让及产业化的组织。研究机构通过 TLO 向民间机构或产业界提供有关技术，并接受有关委托和技术授权等业务②。

9.3 典型案例

1. Science in Biz 企业

Science in Biz 企业是技术转移转化企业，主要面向生物、纳米、材料等在“国际科学商务地带”发展可能性较高的产业，发掘和培育“国际科学商务地带”专业企业。

Science in Biz 企业认定需要具备的条件是，应为利用基础技术实现技术转移转化的企业。在企业的发展阶段，Science in Biz 企业需提供定制型支持，促进基础研究成果顺利转化，例如，为企业提供创业空间、测试平台、资金、成果管理服务等③。

---

① 富贵，陈炳硕. 韩国技术转移体系建设概述[J]. 全球科技经济瞭望，2017，32（7）：11-14.

② 王俊，任真. 韩国的技术转移与产业化[J]. 全球科技经济瞭望，2010，25（4）：32-38.

③ 韩国大力支持基础研究成果转移转化[EB/OL].（2023-03-29）[2024-06-08]. https://finance.sina.com.cn/jjxw/2023-03-29/doc-imynpazn5124975.shtml.

2. 庆北科技园

庆北科技园成立于 1998 年 8 月，致力于在产学研政方面构筑合作体系以促进韩国国家的各种政策出台，并为搞活地方经济服务①，是为韩国企业技术转移提供全方位支持的专业机构。庆北科技园采用的“产学研政”模式有助于形成自主知识产权②。

庆北科技园在韩国推进国际技术转移方面也起到了重要作用，目前已初步与我国浙江省的嘉兴市科技局、嘉兴科技城、嘉兴市南湖区科技局建立了国际技术转移合作关系，并将长期开展中韩国际科技合作与交流服务。

总的来说，韩国的科技成果转化体系相对完善，具有以下五大特点③：

一是有不同类型的研究所，包括公立研究所、民间研究所和大学研究所三大类型，且各类研究所分工明确，科研力量配置合理，有利于科研与生产相结合。各类研究所关注的研究领域各有不同，较为全面地推动韩国科技研究和科技成果的转化。

二是韩国政府在科技成果转化中起到重要的推动作用。韩国政府通过规划或计划发挥宏观引导作用，自 1962 年开始实施的“五年计划”一直处于规划中，并且在“五年计划”中重点规划了韩国的技术创新和科技成果转化的工作。

三是尊重知识、重视人才。韩国已经形成了尊重知识和重视人才的

---

① 韩国庆北科技园简介及科技项目清单[EB/OL]. (2011-12-18)[2024-06-08]. https://www.docin.com/p-47436812.html.

② 赵燕林. 产学研政相结合是技术转移成功的关键：一个成功的技术转移案例分析[J]. 中国科技投资，2006（10）：70-71.

③ 韩国科技成果转化和技术创新的主要特点[EB/OL]. (2022-11-04)[2024-06-05]. https://wenku.baidu.com/view/1d614ae5de3383c4bb4cf7ec4afe04a1b071b01e.html?_wkts_=1717576559950.

社会氛围，每年都会花费一定的费用培养科技人才，形成了一套对韩国科技发展作出重要贡献的人才奖励机制。

四是集研究、学术、工业化于一体的科技园区研发效率高。韩国成立的大德科技园不仅有配套的技术设施供研究人员使用，也有相关的商业孵化器，开发成功后就可以交付企业或新成立企业进行产品生产，极大地推动了科技成果的转化。

五是不仅政府重视科技成果转化，科技人员也很重视科技成果转化。从 1993 年开始，韩国的很多科技成果都是无偿转让的，成果的受让方只需支付成果开发费用的 50%，另外 50% 由政府支付。很多科技人员主动积极地推广自己的研究成果，并亲自到企业进行指导。如果科技人员的一项研究成果被实际应用，将有利于其之后获得新的科研项目。

9.4 对中国的启示

韩国与我国都属于东亚地区国家，在环境、文化、历史等方面与我国存在很多共性因素，因此，借鉴韩国科技成果转化政策、机制和机构建设经验，对推动我国科技成果转化体系的建立具有重要的现实意义。

1. 修订完善科技成果转化政策体系

20 世纪 90 年代起，我国就开始发展技术转移与科技成果产业化，也制定了相关的政策和法律法规。随着时代的发展，我国不仅要对颁布时间较长、实施效果不理想的政策法规进行修订，还可以借鉴韩国的相关法律政策，如《技术转移促进法》等，结合自身的发展实际完善科技成果转化相关政策体系。此外，根据科技成果转化相关政策的规定，制定阶段性推进计划，合理配置科技资源，加大对科技成果转化的投入力度，创新投入方式，在财政、税收、金融和服务等多个方面采取措施，完善技术转移与产业化政策体系①。在政府的带领和引导下，科研院所、高校和企业联合起来，发挥各方的优势，合力推动科技成果转化。

2. 合理配置科研力量，营造创新氛围

政府引领技术和科技成果的发展固然重要，但联合民间力量能更有力地推动科技成果转化。正如韩国将民间研究所、公立研究所和大学研究所联合起来推动科技成果转化，我国民间的研究所和高校的数量更多、力量更为强大，因此鼓励民办研究所和高校与企业联合，由政府提供资助，帮助企业和高校进行技术的开发和转化，这将有利于提高我国科学技术的总体水平，同时有关研究成果也将为企业进行技术创新及开发提供基础；与此同时，在政府的帮助下，既能提升科技成果的转化率，增强科技人员的信心，也能营造出良好的技术创新和技术转移氛围，鼓励各方积极主动地推动科技成果的转化。

3. 升级交易中介系统，完善服务体系

在韩国政府的主导下，韩国设立了众多的科技成果转化机构，包括政府和公立大学内部，这些机构由政府专门部门管理，机构之间可进行交流合作与信息共享。借鉴相关经验，我国也应根据中央和地方的具体情况设立相应的技术转移机构和平台，并给予相应的支持、制定相应的管理机制。此外，还要鼓励加强中央和民间技术交易中介机构的信息共享，给予非营利技术交易中介机构一定的优惠，挖掘更多技术交易服务渠道，使企业能够更容易地获取技术信息②。

4. 创新技术转移和产业化的方式

韩国国家技术产业化信息网运营现状表明，技术作为商品在市场中

① 黄楠．促进科技成果转化的机制研究［D］．上海：复旦大学，2009.

② 宋微．韩国促进技术转移与产业化的主要政策及推进计划［J］．全球科技经济瞭望，2016，31（12）：50-54.

以流通交易的方式完成转移和产业化比较困难，而韩国的产学研制度有效地推动了科技成果转化。实践表明，产学研合作的技术创新机制以市场需求为导向，以实现产业化为目标，能够缩短技术在市场中的流通周期，提高技术转移和产业化效率。因此，我国应进一步发挥产学研合作机制的作用，建立具有中国特色的技术转移与产业化体系。

10

新加坡科技成果转化实践与经验

新加坡是亚洲发达国家。据全球金融中心指数（GFCI）排名报告，新加坡是继纽约、伦敦之后的第三大国际金融中心，也是亚洲重要的服务和航运中心之一。根据世界经济论坛（WEF）2019 年发布的《2019 全球竞争力报告》，新加坡已超越美国雄踞全球第一。新加坡拥有十分出色的亲商环境，曾经连续十年在世界银行每年出台的《全球营商环境报告》中登上全球第一①。被誉为“科技天堂”的新加坡是全球最富裕、科技最先进的国家之一，整个国家非常重视科技创新和科研成果的商业化，科研也以实用技术为主。新加坡的科技成果转化体系主要通过政府与企业和包括大学在内的科研院所共同合作实现。该模式的特点是高校深度参与，配合产业政策吸引相应的初创企业入驻，为没有资源但有创业计划的初创者提供各种支持，促进企业成长与成果转化，在政府资金、相关政策以及专家指导下更顺利地创业②。新加坡颁布了保护技术知识和推进技术产业化的制度法规，制定了技术提升和孵化计划，设立了相关的技术转移机构和科学院，有效地推动了新加坡科技成果的转化。

10.1 相关政策法律、机制

为保护和激励科技领域的研究者，促进和推动科技成果转化，将科技与经济效益、社会效益相结合，新加坡先后为科技成果转化出台了一系列政策法规，包括技术派遣制度等。

---

① 亚洲十大科技国家，谁的综合科技实力领先？[EB/OL].（2021-12-02）[2024-06-05]. https://baijiahao.baidu.com/s?id=1718038658643425266.

② 祝波. 新加坡孵化器模式对上海的启示[EB/OL].（2023-01-19）[2024-06-05]. https://www.yicai.com/news/101655040.html.

10.1.1 相关政策法律

1. 知识产权法

科技成果转化过程中最容易出现的就是知识产权问题。为了保障国家的技术创新和产业化，新加坡在知识产权保护方面制定了较为完善的制度体系，主要包括《专利法》《商标法》《注册外观设计法》《版权法》等，目标是致力于将新加坡打造成为亚太地区的知识产权中心①。

1994 年，新加坡制定了《专利法》，并分别于 2002 年、2005 年进行了修订。2014 年，新加坡制定的《专利（修正）法》对原有专利申请程序进行了修改，引入了判定可专利性的积极的审查授权制度，并实施双重审查制。新加坡的专利保护期限为自申请日期起计 20 年，如果符合法定情形，专利权人可以申请延长最多不超过 5 年的专利权保护期限。新加坡的知识产权局和高等法院有权撤销专利②。

新加坡的知识产权法，一方面保护了技术发明者的权利，解决了发明者的后顾之忧；另一方面也鼓励企业和发明者进行技术创新和技术产业化，推动新加坡的技术发展，为新加坡的科技成果转化提供技术产品保障。

2. 技术派遣制度

为了加速技术成果转化，新加坡建立了由政府安排、向本地企业派出技术大使的技术派遣制度。技术派遣制度的具体内容是，根据企业需求，有针对性地从国家公共研究所选派科研和工程技术人员到指定的企

① 郭文波，曹佳．新加坡营造创新创业创造生态环境的经验与启示[J]．中国经贸导刊（中），2021（2）：11-13.

② “一带一路”沿线国家知识产权制度解读(3)：东南亚之新加坡篇[EB/OL]．(2017-12-07)[2024-06-05]．https://www.sohu.com/a/209021417_779735.

业工作一至两年，企业仅支付其薪水的30%，其余部分由国家科技局支付①。

新加坡的技术派遣制度一方面为企业提供了技术专家，有助于企业解决技术难题，缩短技术创新和产业化时间；另一方面也有助于政府收集相关的技术创新和发展信息，了解企业的科技发展方向和需求，有利于政府有针对性地制定相应的促进政策计划。因此，这种制度比专利转化更直接，对于推动科技成果的转化效果更佳。

10.1.2 机制

1. “技术孵化器”计划

1998年以来，为了促进企业与科研院所合作，推进科技成果转化，新加坡政府推出“技术孵化器”计划。该计划促进了政府、高校、企业的合作，通过政府投资、高校提供设施、企业入驻的形式②，配合产业政策吸引相应的初创企业入驻，为没有资源但有创业计划的初创者提供各种支持，促进企业发展与成果转化。

新加坡科技研究局在“技术孵化器”计划中提供了2.1亿新元的科研经费，推动私营企业与十几个科研院所建立伙伴关系，进行了360多个项目的开发与研究，最终科研院所研发出约100项新产品，其中40项已成功实现转化并投入市场③，有力地推动了科技成果的转化。

---

① 郎荣旗．新加坡科技创新体系架构及对我市科技发展的启示[EB/OL]．(2012-05-15)[2024-06-05]．https://www.doc88.com/p-272403897889.html.

② 祝波．新加坡孵化器模式对上海的启示[EB/OL]．(2023-01-19)[2024-06-05]．https://www.yicai.com/news/101655040.html.

③ 张永兴．综述：科研投入和成果转化助推新加坡发展[EB/OL]．(2007-07-01)[2024-06-05]．https://news.sohu.com/20070701/n250853790.shtml.

2. 技术提升计划

2002 年，为了提升企业的技术能力和科技成果转化能力，新加坡经济发展局，标准、生产力与创新局等机构联合推出了一项技术提升计划，主要内容是设立研究和攻关项目，推动跨部门的联合融资。

此外，技术提升计划还规定政府可以将科研人员和工程师借给企业，以帮助企业提升技术能力并获得融资服务①。这项计划在帮助企业提升技术能力、缩短科技转化周期的同时，也将先进的技术成果转移到企业中去，提高了企业的竞争优势。

3. 其他成果转化计划

为了促进国家科技的发展和科技成果的转化，新加坡政府还推出了许多科技计划，包括“革新 2020”计划、“21 世纪资讯通信”计划、“21 世纪科技企业家”计划等，这一系列计划为新加坡科技发展指引了方向，也为科技成果的转化提供了保障。在这些计划的推动下，新加坡政府不仅可以参与企业投资，还可以为企业的研发提供资金补助和技术支持，加快了企业的技术创新发展。

此外，新加坡政府专门设立了研究、创新及创业理事会，目的是为政府提供关于创新及创业策略的咨询服务。同时，新加坡还建立不同类型的风险投资基金，与风险投资商共同投资技术起步公司，按比例支付中小企业的技术更新和技术咨询费用等②，帮助中小企业实现技术成果的转移转化。

4. 科技转移网络

在新加坡五所理工学院、新加坡科技研究局的科技拓展公司等的提议下，新加坡成立了科技转移网络。科技转移网络的成立，有助于让有

---

① 李泽民. 新加坡产学研合作经验的启示[J]. 中国高校科技，2011（6）：70-72.

② 国外科技成果转化办法汇总与借鉴[EB/OL].（2023-01-04）[2024-06-05]. https://www.docin.com/p-1768786414.html.

关技术转移机构分享科技转移经验、推出课程以提升科技转移专员的技能，并提供相关咨询服务，帮助中小企业和大公司解决科技相关问题，或联系研发相关科技的网络成员。未来科技转移网络将延伸到海外，邀请外国科技转移机构和类似的外国网络参与①。

科技转移网络的设立让新加坡的中小企业更容易找到并利用大学的科技成果，同时能让参与的相关机构探讨企业所需的科技，有利于企业把科技研究成果转换成可销售到市场的产品或技术。科技转移网络将研究人员、业界专家以及市场销售人员紧密联系起来，有效推动了国家科技成果的转化，提升了国家的竞争力和竞争优势。

10.2 主要机构

新加坡的科技成果转化中介机构主要包括民办和官办的技术转移机构。具体来说，官办技术转移机构主要包括科研院所的科技处、各类技术转移中心、各地生产力促进中心和高校等，机构的服务范围较广，但受制于机构性质，在提供深度服务的积极性方面明显受限；而民办技术转移机构能有针对性地为特定企业的技术转移提供服务，但资源获取和资源整合能力有限。这两种模式相互补充，共同推进新加坡科技成果的转化。

1. 国家科学技术委员会

为了推动科研成果迅速转化为生产力，新加坡政府成立了国家科学技术委员会。该委员会设立了 13 个研究机构，服务范围包含信息网络、数据

---

① 新加坡建"科技转移网络"促科研成果转化为商品[EB/OL].(2008-02-13)[2024-06-05]. https://www.chinanews.com.cn/cj/cyzh/news/2008/02-13/1161673.shtml.

储存、通信、生物技术等领域①。新加坡国家科学技术委员会的成立，不仅加速了新加坡科技成果的转化，提高国内企业的技术水平和国际竞争力，还有利于扩大新加坡工业产品的出口，推动新加坡经济社会的发展。

2. 新加坡科技研究局

1991 年，新加坡科技研究局（Agency for Science，Technology and Research，A*STAR）成立，成为新加坡贸易与工业部下属法定机构②。新加坡科技研究局的目标是促进新加坡科研和人才的整合；工作对象是公共的科研机构，包括大学及科研院所等；工作重点是为公共机构提供必要的科研经费，并开发这些机构的人力资源。

作为政府法定机构，新加坡科技研究局致力于帮助新加坡企业开发差异化的产品与技术，获得新的发展途径，推动研究成果转化为产品和服务；同时促进新加坡与国际生态系统的合作与互动，推动企业积极开拓新市场，搭建开放式创新伙伴关系，加强企业以市场为导向的创新能力③。另外，新加坡科技研究局还能帮助扩大和加强科技转化平台，让企业更好地利用公共科研机构和其他创新生态系统参与者的创意、专业知识和科技能力。

除此之外，新加坡科技研究局还搭建了一系列平台协助中小企业的技术转型和升级，目的是进一步加快项目从研发、试验到市场化的进程。例如，先进再制造与技术中心（Advanced Remanufacturing and Technology Centre，ARTC）是一个建立在强大的公私伙伴关系基础上的现代平台。

---

① 张永兴. 综述：科研投入和成果转化助推新加坡发展[EB/OL]. (2007-07-01)[2024-06-05]. https://news.sohu.com/20070701/n250853790.shtml.

② 新中两国再度深化合作，新科研企业合作中心落户苏州工业园[EB/OL]. (2020-11-20)[2024-06-05]. https://www.shicheng.news/v/Mn72R.

③ 钟经文. 携手新加坡科技研究局，赋能高新制造业创新转型[EB/OL]. (2023-04-03)[2024-06-05]. https://tech.chinadaily.com.cn/a/202304/03/WS642a7d86a3102ada8b236941.html.

ARTC 与新加坡南洋理工大学（NTU）合作，成立了一个拥有超过 95 家企业的会员联盟，包括全球跨国公司、中小企业、初创企业等。ARTC 在先进制造和再制造方面的专业知识加速了创新从应用研究向工业应用和解决方案的转化。

10.3 典型案例

1. 新加坡科学园

1984 年，新加坡科学园（Singapore Science Park）成立，并由新加坡科学理事会管理。新加坡科学园的目标是培养研究与开发的专业人才，发展高新科技。新加坡科学园的活动和技术产品的生产围绕大量科研与开发进行，主要归纳为五个方面：生物工程和生物医学、石油化工、计算机软件和硬件、电子技术与电力工程、技术服务与咨询。

新加坡科学园不仅吸引了 200 多个登记在册的研究机构入驻，还吸引了包括索尼、英国石油公司等跨国企业和数量众多的中小企业在内的 300 多家企业的投资，并在科学园内进行研发活动，因此新加坡科学园成为新加坡最大和最有影响力的研究机构。新加坡科学园项目始终根植于国家技术计划，并同其他产业、科技政策相整合，体现出很强的政策连贯性与协调性。新加坡科学园中的企业与周边的大学和科研机构等知识生产主体存在着强烈的互动关系①，推动了新加坡产学研模式的建立，提升了国家科技成果的转化效率。

---

① 中国国际技术交流中心. 构建有利于科技经济融合的创新组织：案例 12：新加坡科学园[EB/OL].（2023-05-17）[2024-03-11]. https://www.ciste.org.cn/gjjsmy/gjjsjylm/art/2023/art_b9d7d673ec1049a4a30a7cadfe8252a5.html.

2. MOVEON Technologies

MOVEON Technologies 是新加坡一家制造微纳米光学元件的中小企业，与新加坡科技研究局旗下的新加坡制造技术研究院（Singapore Institute of Manufacturing Technology，SIMTech）开展技术合作，以拓展自身在研发方面的能力，以应对全球环境的不确定性。在与 SIMTech 合作过程中，MOVEON Technologies 不仅可以利用 SIMTech 的成熟技术对科技成果直接进行转化，降低研发成本和缩短研发周期，还能减少对海外供应商的依赖，降低供应链风险①。

与此同时，MOVEON Technologies 还参与了 A*STAR 的企业技术提升计划（Technology for Enterprise Capability Upgrading，T-Up），通过与 A*STAR 借调的科学家共同研发来获得技术和工艺方面的指导。通过与这两家机构的合作，MOVEON Technologies 不仅提高了技术能力，还降低了 50%左右的研发成本，缩短了产品推向市场的时间。

3. 纬壹科技园区

2003 年，新加坡政府投入 150 亿新元，于新加坡大专院校和科研院所云集的区域建立了占地 200 公顷的纬壹科技园区。纬壹科技园区的建立有利于将高校的技术和相关领域专家、企业联系起来，完善新加坡产学研模式。

纬壹科技园区内还建成了启奥城（生物医药研究中枢）和启汇城（信息传播与数码媒体中枢），成为一个以生物技术、资讯和传媒等知识密集型产业为主导，集高等学府、研究机构、住宅、商业中心于一体的综合科技创新园区②。纬壹科技园区把高校、科技界和实业界组合

① 钟经文. 携手新加坡科技研究局，赋能高新制造业创新转型[EB/OL].(2023-04-03)[2024-06-05]. https://tech.chinadaily.com.cn/a/202304/03/WS642a7d86a3102ada8b236941.html.

② 郎荣旗. 新加坡科技创新体系架构及对我市科技发展的启示[EB/OL].(2012-05-15)[2024-06-05]. https://www.doc88.com/p-272403897889.html.

成一个强大的创新团队，有助于共同推动创新技术的发展和创新成果的转化。

10.4 对中国的启示

1. 打造科技园区和孵化基地

新加坡政府集聚整合科技成果转化资源，最大限度利用国家高新区、科技园区和企业孵化器的有利条件，使得“科技产地—孵化器—加速器”的孵化链条更好地为企业提供科技成果转化全流程优质服务。借鉴新加坡的经验，我国政府可以通过发展科技园区和孵化基地为科技成果转化营造公平和便利的环境，降低科技成果转化的风险和成本，提高科技成果转化的成功率；同时，结合我国各地实际情况和城市优势，完善科技园区和基地的服务业态和运营机制，打造综合、开放、高效、便捷的科技成果转化生态系统。

2. 落实知识产权保护制度

新加坡是亚洲的知识产权中心，在知识产权保护方面连续多年保持领先地位。新加坡政府重视知识产权保护，积极营造鼓励创新、便于智力成果产业化的商业环境。加强知识产权保护是鼓励创新发展、激发市场主体研发动力的重要一环。我国应按照党的十九届四中全会要求，健全以公平为原则的产权保护制度，建立知识产权侵权惩罚性赔偿制度，加强企业商业秘密保护，保障企业和研究者的技术权益，以激发全社会的技术创新发展和转化动力。

11

加拿大科技成果转化实践与经验

加拿大是八国集团、二十国集团、北约、法语国家组织、世界贸易组织等全球国际组织的成员国，是西方七大工业化国家之一，制造业和高科技产业发达，制造业、建筑业、矿业构成其国民产业经济的三大支柱①。近年来，加拿大政府加大对先进技术领域的支持力度，着力加强科技创新能力，不断推出一系列优惠政策，目前在人工智能、生物科技、信息技术、环境科学和航空航天等领域都有独特的优势和突破。加拿大的科技成果转化体系由联邦政府、科研机构、大学、企业和各类技术转移中介机构组成，是一个相互依靠和相互支持的有机整体，通过包括国家研究理事会负责实施的产业研究扶持计划等，有效推动了其科技成果转化。加拿大联邦政府在国家技术转移体系中联系领导者、资助者和实施者，加拿大的大学和中小企业既是技术创新的主要力量，也是技术创新成果的主要持有人，因此，加拿大的科技成果转化体系主要支撑大学与中小企业的创新和科技成果的商业化②。

11.1 相关政策法律、机制

11.1.1 相关政策法律

科技成果转移转化作为一项复杂的系统工程，需要政产学研各个主体全方位协同参与。特别是，政府要在构建有利于科技成果转化的产业生态和政策环境方面发挥职能，加强服务和引导，弥补市场失灵。面向

---

① 加拿大七大领先产业中，最发达的是哪一个？[EB/OL].（2020-12-01）[2024-06-05]. https://baijiahao.baidu.com/s?id=1684844760905699565.

② 许慧. 加拿大技术转移体系构成与大学专利政策变革的启示[J]. 科技成果管理与研究，2007（7）：23-25.

需求，要更加关注企业创新和成果转化的动力源，提升企业采用新技术的积极性；面向市场，要更加关注市场环境公平，通过维护公平竞争促进市场机制的完善。加拿大政府也正是意识到了自身的作用，制定了一系列促进国家科技成果转化的政策和计划。

加拿大税务局（CRA）推出的科学研究和试验发展（Scientific Research and Experimental Development，SR&ED）税收补助政策，目的是鼓励加拿大永久居民（PR卡居民）和加拿大公民开办的中小企业主积极探索与尝试科技创新。该政策每年无偿为各类企业提供高达40亿加元的补贴，而企业根据科技项目进展每年都可以申请补贴，这项补贴用于支持加拿大企业在科技创新方面积极探索最给力的联邦计划①。

SR&ED项目补贴的对象是科技类项目，且没有行业限制，各个领域的企业都可以申请该项目的补贴。企业申请SR&ED补贴的唯一条件就是企业必须提前花费了相关费用并提升了相关的技术，然后向政府申请补助，至于申请下来的补助要怎么使用，政府并没有特别要求。

11.1.2 机制

1. 加拿大IRAP

1947年，加拿大启动产业研究扶持计划（Industrial Research Assistance Program，IRAP），旨在扶持中小企业的技术转移。IRAP由加拿大工业部主管，由加拿大国家研究理事会（NRC）具体负责实施。IRAP的主要内容是关注中小企业的技术创新需求，为企业提供资金资助，同时也提供信息和专家服务。IRAP覆盖面广，财政预算充足，使其成为加拿大历时最长、最成功的支持技术创新和技术产业化的产业发展计划。

---

① 杨博. 加拿大企业科学研究与试验开发税收激励计划[J]. 会计之友，2012(21)：87-91.

IRAP 提供三种类型的支持项目：一是为企业研发活动提供支持。对那些在本土和国际市场上利用技术实现服务、产品和流程商业化的中小企业提供无偿资助，为竞争技术项目提供专家支持，并在成本分摊的基础上进行投资。此类项目的每项支持额度在 1.5 万~3.5 万加元之间。二是为商业化前项目提供支持。通过技术伙伴计划对企业提供资助，企业可利用此资金开发技术、设计原型或进行小试。此类项目的每项支持额度在 35 万~50 万加元之间。三是为企业雇用专修毕业生提供支持。通过青年就业策略计划进行支持，企业和毕业生都能从这个计划中受益，即企业可以获得财政支持雇佣专修毕业生，而专修毕业生则能获得实际的工作经验①。

2. 为加拿大服务的科技新战略

加拿大国家研究理事会出台了 2006—2010 年科技新战略，目的是支持中小企业技术商业化的发展。该战略强调技术商业化的战略和行动。以农业为例，加拿大农业及农业食品部通过广泛的征询制定了农业科学和创新战略，其核心是通过建立政府、农户、研究机构和产业界的合作关系，最大限度地增加农业和农产品加工领域的研究机会和成果；其战略目标是保证加拿大农业及农业食品部的研究与国内外的研究形成互补，并支持政府、大学和企业的合作研究。

2006—2010 年科技新战略的目标是提高加拿大工业要害部门的竞争力和社区经济的生存力，加强加拿大的创新机制，为涉及加拿大未来经济发展的优先领域作出重要贡献。该战略的主要活动包括：加强对工业竞争力具有影响的重点领域的研发；支持重点工业部门；增加对加拿大具有重要意义领域的关注与投入；建立长效、灵活的国家研究与创新机构；录用和培养高科技人才。其最终目标是满足工业部门在重点领域提

---

① 郝莹莹. “IRAP 计划”看加拿大政府如何扮演知识转移的“代理人”[J]. 华东科技，2008（2）：42-43.

出的研发要求，向国内外工业部门提供全面的服务，包括广泛的、多学科的研发项目，建立全新的国家科学技术计划，吸引更多资金支持①。

3. 加拿大技术伙伴计划

1996 年，加拿大政府设立了加拿大技术伙伴计划（TPC 计划），旨在帮助加拿大公司开展那些能够带来直接收益的、有潜力的 R&D（research and deve-lopment）活动。TPC 计划的提出，提高了加拿大传统部门的制造效率，支持新兴技术的创新和产业化②。

TPC 计划最显著的特点是能够和 IRAP 有机衔接。TPC 计划支持的是技术领域创新，IRAP 支持的是中小企业创新，IRAP-TPC 将这两个计划很好地联系在一起，为中小企业提供支持，这对构建中小企业创新支持的国家政策体系和取得政策配套效果很有借鉴意义。

11.2 主要机构

加拿大技术转移机构的设立促进了知识和人力资源的共享，减少了资源的重复，在降低科技成果转化成本的同时提升了科技成果转化的效率。据统计，加拿大共有近 200 个隶属政府的研究机构和国家实验室，这些机构会根据不同科技管理部门提出的任务和目标制定不同的发展计划或项目建议。发挥这些机构的辅助作用可以有效推动加拿大的科技成果转化。

1. 国家研究理事会

早在 1919 年，加拿大就成立了国家研究理事会（NRC），由来自大

① 全面了解加拿大的科技体制和科技政策[EB/OL].(2020-12-01)[2024-06-05].https://baijiahao.baidu.com/s?id=1684870782610028209.

② 黄省志，周丁．加拿大 TPC 计划[J]．企业技术进步，2006（3）：21-22.

学、政府和行业的代表组成。自成立以来，NRC 一直在国际科学理事会（ICSU）中代表加拿大科学界的利益。NRC 的任务是开展、协助和促进加拿大的科学和工业研究。NRC 的职责主要有三个：一是作为研发行业的合作伙伴；二是作为符合国家利益的、促进技术发展和经济增长的引擎；三是为国家科技基础设施的发展作出贡献。此外，NRC 通过提供自己的专业知识和独特的设施来促进人力资源的开发和培训。NRC 还兼具促进加拿大与国际科学和/或工程界之间的经验、专业知识和技术交流的任务。

2. 加拿大工业部

加拿大工业部是具体协调和管理技术转移工作的政府部门，工业部部长不仅担负着协调政府各有关部门共同实施技术转移政策的责任，而且直接管理着国家研究理事会等一批研究机构，协同完善加拿大的技术转移体系①。

3. NRC-IRAP 研究中心

NRC-IRAP 研究中心在推动科技成果转化方面起到了重要的作用。具体而言，该中心通过整合关键机构的技术资源和本地融资资源，联系企业、研发机构、技术经纪人和技术转移中心，为企业提供无偿的资金支持方式，帮助企业开发新的技术并使新技术在加拿大国内和全球市场上实现产业化②。

NRC-IRAP 所构建的平台为利益各方提供了充分、完善的信息。加拿大拥有 14 家 NRC-IRAP 研究中心，涉及航天、生物、能源与环境、建筑等领域。其中设在温哥华的能源矿产与环境研究中心拥有 10 名环境专家，负责评估中小企业固体废物综合利用的技术现状，并指导相关企业

---

① 许慧．加拿大技术转移体系构成与大学专利政策变革的启示[J]．科技成果管理与研究，2007（7）：23-25.

② 邵世云，周涛，王少霞，等．加拿大 NRC-IRAP 科技成果转化工作经验与启示：以中国环境科学学会为例[J]．学会，2020（11）：30-33.

了解行业的最新技术，帮助联系本地融资资源、技术经纪人和技术转移中心等，以推动这些企业技术的商业化。

4. 安大略省技术政策机构

为了推动科技成果的转化，加拿大政府设立了非营利性的安大略省技术政策机构。该机构的主要职责是联系高校和企业，在高校和企业中起桥梁作用，其考核的唯一标准就是社会效益。此外，该机构还负责监测和分析市场动向、追踪技术发展趋势、协助制定和实施技术政策、支持科技创新，以及为企业提供技术支持和资金支持等。

11.3 典型案例

始建于1827年的多伦多大学（University of Toronto）位于加拿大第一大城市多伦多，是一所世界顶尖的公立研究型大学，同时被认为是加拿大综合实力第一的高等教育机构①。

在技术商业化领域，多伦多大学处于全球领先地位。多伦多大学建立的创新与合作办公室（IPO）为学校的研究成果获得技术许可提供“一站式”服务。IPO拥有专业的技术转移团队，其主要任务是简化科技成果转化流程，同时帮助多伦多大学研究界与企业、政府建立合作伙伴关系。此外，IPO还负责管理多伦多大学的知识产权，是企业在多伦多大学进行技术转让的第一站。IPO在许可、商业开发和法律事务方面拥有经验丰富的专家团队，其在多伦多大学所有研究领域的技术转移中发

① 中国国际科技交流中心. 2020全球百佳技术转移案例45：多伦多大学(University of Toronto)[EB/OL].(2021-08-26)[2024-06-06]. http://www.ciste.org.cn/gjjsmy/gjjsjylm/art/2023/art_8a02cc17bf1142f3a7747ff 03d68c504.html.

挥了很关键的作用①。多伦多大学鼓励项目研究者在研究活动期间联系IPO，通过这种方式大大提高了科技成果转化的效率。

IPO可以协助解决与可销售性、资金来源、商业伙伴、专利和其他保护方法、新的商业启动注意事项、大学政策和程序等相关的问题，为研究者提供全面的服务。具体包括：提供基于多伦多大学的创新政策的建议；接收和评估描述由多伦多大学教职员工、学生开发的技术的公开披露信息；通过专利和其他方式保护在多伦多大学内的发明；协助创业者寻找合作伙伴和资金以支持开发和概念验证研究；向产业界进行多伦多大学技术的市场营销；与感兴趣的公司谈判许可协议；支持与战略合作伙伴建立长期关系，以支持和培育处于早期阶段的发明，使其成为可进入市场的技术和产品。

由多伦多大学的一名学生创办的Genecis公司在多伦多大学士嘉堡分校（UTSC）的创业空间The Hub中启动。Genecis公司拥有本地和全球客户，并通过优秀的利好成果获得了成功。Genecis公司最重要的业务就是将厨余垃圾转化为有更高价值的产品。具体而言，就是通过使用系统性的生物设计，将混合有机废物转化为碳源。该公司生产的生物塑料比目前其他生物塑料的商业生产成本要低40%。Genecis正与食品服务公司合作，打造完整的产品周期，将厨余垃圾转化为餐具。

11.4 对中国的启示

1. 成立专业机构，搭建服务平台

为了提高加拿大科技成果转化的效率，加拿大政府成立了专门的机

① 许慧. 加拿大技术转移体系构成与大学专利政策变革的启示[J]. 科技成果管理与研究，2007（7）：23-25.

构，如 NRC-IRAP 研究中心等。我国的技术市场体系尚未成熟，政府有必要建立一些专门机构作为大学和企业之间的桥梁，从事技术转移和成果推广；此外，这些机构和平台须有合理的考核机制，保证科技成果转化服务机构专注从事科技成果转移转化。同时，要建立合理、动态的收益分配制度，并随科技成果转化收益增长而不断调整收益分配方式，保障科研工作者的利益。

2. 建立完整的创新系列

加拿大设立的技术转移计划和管理机构形成了一个完整的创新系列，覆盖了科技创新成果产业化的每个阶段、每个环节。加拿大政府联合有关团体在全国范围建立两个完全服务性的组织：CTN（Canadian Technology Network）和 CAMC（Canadian Association of Management Consul-tants）。这两个组织通过网站或其他渠道免费为科研部门和企业（特别是中小企业）提供各种服务，发布科技成果、市场需求和项目推荐等信息，甚至外贸渠道等。这一系列的政策机制和机构的设立充分体现了加拿大服务型政府的职能，使科技创新和成果产业化能够切实得到扶持和帮助，从而带动整个国民经济的发展①。我国也可以结合自身的实际制定相关政策和设立服务机构，确保这些政策和机构可以覆盖科技创新成果产业化的每个阶段、每个环节，以提升科技成果转化的效率。

3. 重视高校的创新和成果转化工作

众所周知，高校不仅是科技人才的聚集地，也是研究成果产生的源泉，但研究发现，高校里的科研人员缺乏面向市场需求的意识，其取得的科研成果往往具有非商业性特征，所以即使取得一定的研究成果，离市场其实还有一定的距离，不易商业化。我国可完善科研经费支持基金机制、利益分配模式等，充分调动高校科研人员进行科技创新和成果转化的积极性。

---

① 许慧. 加拿大技术转移体系构成与大学专利政策变革的启示[J]. 科技成果管理与研究，2007（7）：23-25.

12

俄罗斯科技成果转化实践与经验

作为金砖国家（BRICS）的成员国，俄罗斯和中国都经历了从计划经济到市场经济的转型，两国都拥有丰富的科技资源，并将科技发展上升为国家战略。俄罗斯的科技产业正逐渐壮大，特别是在能源、航天和军事等关键领域取得了显著的科技创新成就。尽管面临西方的经济制裁和国内经济的挑战，俄罗斯仍通过一系列措施促进了现代创新体系形成。根据世界经济论坛的《全球竞争力报告》，自 2014 年以来，俄罗斯的全球竞争力有了显著提升，2016 年跃升至第 43 位，2017—2019 年稳定在第 37 位至第 43 位之间。同期，俄罗斯的全球创新指数也持续提升，从 2010 年开始逐年上升①。俄罗斯高度重视科技成果的转化工作，致力于建立一个以政府为引领、市场为向导、企业为核心、产学研协同为关键支撑的技术创新与转移体系。面对财政资金的限制，俄罗斯积极推动科技与产业的深度融合，努力实现从基础科研、技术开发到产品商业化的全链条创新。同时，俄罗斯也在不断优化科技创新的基础设施，强调数字技术的重要作用，利用数字化手段建立现代化的科技管理框架，从而改善科技创新的环境和提高服务效率。

12.1 相关政策法律、机制

12.1.1 相关政策法律

俄罗斯政府高度重视科技创新和科技成果商业化，制定了一系列政策以推动国家的科技发展和技术的商业化。俄罗斯的科技成果转化政策

① 彭博发布 2016 创新指数，中国仅排 21[EB/OL].(2016-01-20)[2024-06-05]. https://tech.sina.com.cn/i/2016-01-20/doc-ifxnqriy3200501.shtml.

旨在通过为科研人员和企业提供各种扶持和激励措施，推动技术的商业化，以提升国家的科技实力和竞争力。这些政策的实施为俄罗斯科技发展和技术商业化注入了新的动力。

1.《俄罗斯促进科技成果转化条例》

俄罗斯政府推出《俄罗斯促进科技成果转化条例》，目的是促进和推动本国的科技成果转化，实现科技与社会效益和经济效益相结合。《俄罗斯促进科技成果转化条例》的推出，进一步推动了俄罗斯的科技发展，加快了国家经济建设和社会建设，推动了国家的整体发展。2001 年，俄罗斯相关部门根据《俄罗斯促进科技成果转化条例》，结合本国的实际情况制定了适合本国发展的科技成果转化目标，对各相关主体的责任进行了明确的规定，开辟了全新的转化路径①。

2.《科学技术进步条例》

2014 年，俄罗斯出台了《科学技术进步条例》，随后进行了修订。修订后的条例主要针对推进科技成果转化提出了具体的措施，例如，有技术应用激励措施，对于成功应用新技术的企业或个人给予相应的奖励；还有科研成果专利保护措施，推动科研机构发展计划等②。这些措施的推出，激励了俄罗斯的技术创新和科技成果的商业化。

3.《政策原则》

2019 年，俄罗斯政府发布了《政策原则》，重点明确了农业科技成果转化的目标，将高新技术产业和农业的科技成果转化作为重点推进的对象③，并提出科技成果转化相关推进措施。农业是发展的根本，而现代农业的快速发展离不开技术的创新，将新的科学技术应用到农业发展

---

① 王炜哲，刘昕瑞，蒋仕昕．高校科技成果转化问题研究综述[J]．中国经贸导刊（中），2020（1）：162-164.

② 丽达．俄罗斯的科技成果转化策略研究[D]．西安：西安石油大学，2020.

③ 王应生，李长瑞．打造优质服务平台助力国防科技成果转化[J]．中国军转民，2020（1）：63-64.

中，既能实现新技术的应用，也能推动农业的快速发展，进而推动国家经济的发展。

4. 社会经济发展规划及创新发展战略

2013 年，俄罗斯发布了《俄罗斯到 2020 年社会经济发展规划》。该规划结合俄罗斯科学技术发展的实际情况，将汽车、生物医药等多个产业作为 5 年重点发展产业，坚持绿色环保的基本原则，为重大科技成果转化创造条件，也为科技成果转化与运用提供了重要保障。

此外，2011 年出台的《2020 年前俄罗斯联邦创新发展战略》也涉及建设科技成果服务体系和创新科技成果服务模式等内容，该战略在产学研结合、激励机制等方面进行了大胆的尝试①。

12.1.2 机制

科技成果转化机制是科技成果转化的重要推动力。俄罗斯政府不仅出台一系列政策法规引导科技成果的转化，也推出了相应的科技成果转化机制。俄罗斯政府推出的这些机制成为其科技成果转化体系中不可缺少的一环。

1. “创新电梯”服务模式

“创新电梯”作为俄罗斯克服市场失灵最有效的运行机制，推动了俄罗斯技术创新体系的建设，鼓励产学研的合作②。“创新电梯”由一批具有投资能力的机构组成，包括促进科技型小企业发展基金、俄罗斯风险投资公司、俄罗斯自治非商业性机构项目推进战略计划署等 8 家机构。主要运作方式是将国有资本与民间资本有效结合，以设立基金的方式开

① 张秋，岳萍. 俄罗斯科技成果转化服务模式及对新疆的启示[J]. 科技与创新，2020（19）：136-137，143.

② 王忠福. 俄罗斯科技体制转型与科技创新研究[D]. 沈阳：辽宁大学，2013.

展投融资服务和基础设施服务，推动和扶持各类成果转化、生产应用、市场推广等，提高中小企业的技术创新能力。

“创新电梯”服务模式主要通过以下四种方式推动本国的科技成果转化：一是搜寻潜在的合作开发项目，提交“创新电梯”部门评审；二是为科技成果转化的每个阶段提供资金支持；三是与非公有制企业或个人投资合作开发项目；四是制定科技成果转化项目筛选、评估、立项和实施的统一方案。

2. 技术开发合作平台

俄罗斯技术开发合作平台是在俄罗斯政府主导下成立的，目的是提供一个技术交流平台，方便高校、研究机构和企业共享信息，共同解决技术难题，发挥产学研合作的优势，加快科技的创新和技术的商业化，促进科技成果快速转化。俄罗斯在国内共建立了 13 个领域的技术开发合作平台，关注包括信息通信技术、医学与生物技术和光子学等在内的 13 个领域共 34 个研究方向①。

此外，俄罗斯还专门制定了《2007—2012 年俄罗斯科技研发优先发展方向联邦专项计划》和《2020 年前基础研究联邦计划》，同时，设立了俄罗斯基础研究基金、促进科技型小企业发展基金、新技术开发及商业化发展基金等，给技术开发合作平台提供资金资助。为激励平台的业务发展，俄罗斯政府每年对各平台项目进行综合评价后给予不同数量的配套资金支持②。俄罗斯的 13 个技术开发合作平台按照专业研究方向将产学研联系在一起，横向覆盖国家科技优先发展的领域，发挥国家学科优势，为产学研紧密结合打通通道，有助于提升国家科技的创新和促进技术的商业化。

---

① 牛萌. 论俄罗斯“组成统一工艺的智力活动成果利用权”制度[D]. 武汉：华中科技大学，2015.

② 金珊珊. 金砖国家科技创新金融支持体系研究[D]. 大连：东北财经大学，2014.

3. 创新和发展风险投资计划

2012 年，俄罗斯总理梅德韦杰夫签署《2013—2020 年国家科技发展计划》。该计划的主要目标是提高俄罗斯的科技竞争力，确保科技在俄罗斯现代化建设中的主导作用。基本任务是解决俄罗斯科技发展中存在的基础研究和应用研究效率低下、企业研发热情不高、国家科研投入不足和科研条件较差导致人才流失、俄罗斯融入国际科技空间的程度较低、研发基础设施陈旧等问题。

该计划的优先方向是充分利用俄罗斯积累的基础研究优势，创造条件支持实用技术研发。实施该计划将有利于基于基础研究成果获得新知识，形成新产品和新技术。俄罗斯科学院、其他部级科学院、高校及国家科学中心将在基础研究中发挥主导作用。吸引高校积极实施该计划，将有利于吸引有天赋的青年科学家投身科研，有助于前沿研发成果向经济部门广泛推广①。

4. 科技创新挑战赛

俄罗斯国防部对科技成果的转化和应用给予了高度重视，通过调整或设立专门的科研项目组织机构，并利用联合能力技术演示验证（JCTD）等转移计划和机制，快速将科技成果转化为军事装备和其他相关应用。此外，俄罗斯国防部还举办各种科技创新挑战赛，挑选优秀的创新技术、思想和方案，涵盖无人系统、网络防御、人工智能等热门领域，以及地下环境、未来技术、人工智能应用等新兴热点。自 2016 年起，俄罗斯国防部的先进技术追踪和科研活动管理总局每年举办“未来突破”比赛，参与科技成果数量和参赛人数逐年增加，促进了一些创新成果向新型装备的转化。例如，2019 年 4 月举办的“未来突破”比赛，邀请了国防部的科研和教学单位及武装力量的科技团队参加，其中“科

---

① 张丽娟. 俄罗斯科技创新政策新动向[J]. 科学中国人，2013（8）：28-30.

技连”的青年学员提交了25个比赛项目，数量是2018年的两倍，有效推动了创新成果在军事装备和民用产品中的应用。

12.2 主要机构

1. 俄罗斯技术转移中心

2003年，为了推动科研成果的商业化，在俄罗斯科技部的提议下，6个联邦区相继成立了以部门研究机构、科学院和大学为依托的技术转移中心。这些技术转移中心是独立的法人单位，可以保证每个技术转移中心工作的独立性，同时也是中小企业的孵化器和俄罗斯技术转移体系的重要组成部分。

这6个技术转移中心分别是：位于下诺夫哥罗德市的下诺夫哥罗德国立大学建立的伏尔加河沿岸技术转移中心；位于圣彼得堡市的国家科学中心光学研究所建立的西北技术转移中心；位于克拉斯诺达尔市的克拉斯诺亚尔斯克国立大学建立的南方技术转移中心；位于叶卡捷琳堡市的乌拉尔冶金研究所建立的乌拉尔技术转移中心；位于新西伯利亚市的俄罗斯科学院西伯利亚分院建立的西伯利亚技术转移中心；位于切尔诺戈罗夫卡市，在俄罗斯科学院切尔诺戈罗夫卡科学中心建立的中央技术转移中心①。

俄罗斯技术转移中心有两种存在形式：一是技术转移中心与每个发起单位之间保持非商业性伙伴关系，但其工作并不局限在发起单位内部，而是可以同其他任何单位和组织进行合作；二是技术转移中心在商业活

① 国外技术转移机构管理及运行模式简析[EB/OL].(2017-06-20)[2024-06-05]. http://www.gxlimu.com/news/shownews.php?lang=cn&id=53.

动中作为一个管理公司来运作，发现有潜力的创意、技术后将其商业化，并对该项目进行管理。俄罗斯转移中心致力于在各行业研究机构、科学院研究所和高校获取的科研成果的基础上建立新型商务，并成为连接科学和商务的桥梁，是俄罗斯产学研体系建立的重要组成部分，有效地推动了俄罗斯科技成果的转化。

2. 俄罗斯国家技术转移协会

2017 年，非国有开发机构 Innopraktika 和俄罗斯联邦知识产权局（Rospatent）联合成立了俄罗斯国家技术转移协会，目的是促进俄罗斯科技成果的转化，协助俄罗斯联邦科技发展战略的实施。俄罗斯国家技术转移协会位于俄罗斯的首都莫斯科，核心成员包括科技组织、商业公司、发展机构、风险投资基金、技术经纪人等。该协会是一个多功能交流平台，将科学技术转移领域的教育、外联、咨询和专家活动结合起来。俄罗斯国家技术转移协会将技术转移过程中的参与者聚集在一起，以建立互利合作的关系，从而提高参与者的专业水平和合作效率。

当前，该协会已经入驻 14 家科技公司、14 个发展机构和 21 家商业公司；长期合作伙伴有俄罗斯技术发展局、俄罗斯行业项目管理中心、俄罗斯技术转移网（RTTN）、全俄发明家和创新者协会（VOIR）、托木斯克国立大学、俄罗斯风险投资协会，以及俄罗斯国立知识产权学院下属的联邦国家高等职业教育与科学预算教育机构等。

12.3 典型案例

1. 莫斯科的科技成果转化

莫斯科作为俄罗斯联邦首都，是俄罗斯的政治、经济、文化、金融、交通中心及最大的综合性城市，是俄罗斯重要的工业和制造业中心，也是科技、教育中心，其科技成果转化成效居全国前列。莫斯科从促进科技型企业发展、激励科研人员进行研发、探索构建辅助体系等方面大力推进科技成果转化，使高新技术产业发展水平得到了大幅度的提升，产业总值呈现逐年递增的良好趋势，重大科技成果转化有明显增长，成效显著。

在推动科技成果转化上，莫斯科主要采取了以下措施：①促进科技型企业发展，为科技型企业搭建综合性服务平台；②为中小微型科技企业提供政策补助；③通过多种形式为企业提供科技创新方面的指导和帮助；④为高新技术企业提供信用贷款服务；⑤为中小型科技企业的股权持有者或领导人提供税收优惠政策；⑥为科研相关单位及个人提供政策扶持，并对符合条件的人员实施相应的税务政策；⑦建立科技成果转化对接平台，加快信息化发展，并为科技成果的实际运用者搭建与专家进行沟通和交流的平台，促进其对高新技术的应用①。

2. 圣彼得堡的科技成果转化

圣彼得堡是俄罗斯第二大城市，是一座科学技术和工业高度发展的国际化城市，在俄罗斯经济体系中占有重要地位。为了尽快实现将科技成果转化为经济效益和社会效益的最终目标，圣彼得堡在推动科技成果转化上作出了很多的努力。

圣彼得堡主要针对企业、科研中心等制定了推进科技成果转化的措施。具体包括以下几个方面：①重视对科研人才的培养，重视挖掘潜在科研人才；②重用现有科研人才，极大地发挥他们的价值；③改善科研人员相关的激励机制，通过一些必要的手段和方法提高他们促进科学技术发展的主动性，同时还以市场为导向对其进行正确的引导；④对各类科研人才聚集地加大投入力度，为科学研究提供较为充足的经费保障，并建立相应的经费管理制度等。

---

① 丽达．俄罗斯的科技成果转化策略研究[D]．西安：西安石油大学，2020.

12.4 对中国的启示

1. 营造社会环境，加大对服务机构支持力度

与其他国家的科技成果转化体系相比，俄罗斯的科技成果转化体系的特色是从政府到社会再到个人，都对科技的创新发展和产业化非常重视。在俄罗斯政府的引领下，全国各地区建立了技术转移中心和技术转移协会，全社会都重视和支持科技的发展和科技成果的转化。相比较而言，我国科技成果转化的氛围还不够浓厚，相关机构和平台数量较少，服务模式较为单一。因此，我国应加大对科技成果转化服务机构的支持力度，加强科技成果转化服务在科技政策及社会地位方面的倾向性支持；协助科技成果转化机构制定合理的激励分配机制，通过政策调动机构及研究人员的科技创新和产业化积极性；鼓励各类科技成果中介服务机构进行大胆尝试，注重质量、效果和示范效应。

2. 提供快捷服务，完善科技创新和科技成果转化综合服务体系

俄罗斯提供的“创新电梯”服务模式是独具特色的支持国家科技创新和技术转化的相对完善的服务体系，为项目从立项到成功实施提供一系列的服务。我国也应该发挥民间资本的力量，充分利用国家资本和民间资本，为企业和高校的科技创新和成果转化提供资金支持。强化政府、研究机构、企业和高校各方的作用，在社会上形成一个完善的科技创新和科技成果转化综合服务体系。当前，随着“互联网+”战略和大数据产业的发展，信息与数据的搜集、发布、共享对一个产业的发展越来越重要。随着时代的发展，俄罗斯也随之更新其科技成果转化体系，构建了更为智能和完善的科技成果转化平台。因此，建立起具有中国特色的科技成果大数据和信息系统，在线提供各项专业化服务，以及市场需求、融资渠道及产学研合作等相关信息十分必要。

3. 发挥地区特色，共同推动科技发展和转化

莫斯科的科技发展和创新都走在全国前列。除了跟随俄罗斯政府的大方向引导外，俄罗斯的其他城市也会根据本地区的经济和社会环境特点制定推动科技成果转化的政策、建立相关机构和设施。我国是一个幅员辽阔的大国，各个地区有不同的资源优势和技术特长，因此，政府作为国家发展的掌舵手，在为我国的科技发展和成果转化指引大方向时，也要鼓励和支持各地方政府根据区域特色推出相应的发展计划。例如，广东省的制造业相对完善，高新技术水平相对发达，对外交流便捷有利，因此，可以鼓励和支持广东省积极引入海外人才，增加对高新技术创新和成果转化的投入，推动区域科技成果的转化。同时积极鼓励跨地区的技术合作及交流，促进科技知识和信息的交流互动，在发挥地方特色的同时取长补短，以利于国家整体科技成果的转化。

13

意大利科技成果转化实践与经验

被誉为“中小企业王国”的意大利拥有鼓励创新创业的传统和氛围。20 世纪六七十年代，意大利通过工业重组、技术引进和改造等举措提高了民族工业的技术水平和竞争力，逐步转变成现代工业化国家。20 世纪 80 年代起，意大利开始在政策制定者和学术研究者之间普及技术转移的概念①，同时大学开始探索成立技术转移办公室（UTT）。20 世纪 90 年代末，意大利通过相关法令和政策鼓励从大学到产业界开展技术转移。2010 年，意大利在技术转移领域进一步向纵深发展。2015 年，意大利出台了一系列推动科技成果转化的相关政策，逐步建立产学研模式，整个国家在技术转移体系建设方面取得了长足发展。在数字化和人工智能等新兴产业崛起的时代，意大利在技术转移领域采取了补短板举措，以期推动优势领域与新兴产业的融合发展。意大利较为完善的科技成果转化体系是随着国家的发展而逐步形成的。在理论知识和实践经验的支持下，意大利逐步建立了一套由政府规划指导，以科研机构技术转移办公室和大学为主要载体，以科技园区为重要平台，商业创新中心和商会协会协同支撑，并由金融系统提供保障的科技成果转化体系，以推动意大利科技的发展和科技成果的转化。

13.1 相关政策法律、机制

政策和法律对推动国家的科技成果转化有着十分重要且无可替代的作用。意大利政府不仅制定了国家层面的科技成果转化政策措施，而且

① PANICCIA P, BAIOCCO S. Co-evolution of the university technology transfer: towards a sustainability-oriented industry: evidence from Italy [J]. Sustainability, 2018, 10 (12): 1-29.

联合其他机构共同制定了地方科技成果的转化措施，全方位覆盖科技成果转化的每一个阶段和环节，引导国家科技成果转化的发展。

13.1.1 相关政策法律

2012 年，意大利出台了将达到一定条件的初创企业认定为创新型初创企业的政策，目的是鼓励金融系统更好地支持技术转移，允许创新型初创企业通过政府担保申请银行贷款。这一政策的出台极大降低了银行的放贷风险，而初创企业也能够承受其中的风险。这种意大利独有的金融政策在实践中取得了极大成功。

2016 年，意大利国有存贷款银行联合欧洲投资基金推出 ITAtech 平台。它作为一种股权投资工具，目标是促进和加速高技术知识产权的商业化，推动科研成果的转移转化。新技术、能源和可持续经济发展署技术基金会是意大利第一个专注于技术转移的基金会，目的是基于现有的创新系统，在进入商业化前的“死亡谷”领域，支持相关研究中心、中小企业和初创公司的创新发展①。

13.1.2 机制

意大利分别从国家层面和地区层面出台了系列规划，以指导国家的科技成果转化。在国家层面，大学科研部和经济发展部分别从技术研发、经济发展与产业政策、技术研究和工业技术创新等方面负责全国的技术转移协调工作。进入 21 世纪，意大利政府经过多轮改革和职能调整强化协调，以支持“意大利制造”为宗旨，在信息技术、新能源、先进制

① 刘建周，孙成永．意大利技术转移体系研究［J］．全球科技经济瞭望，2021，36（3）：34-38，50.

造、环境和生物技术等领域出台了大量支持科技创新和技术转移的政策措施。如针对加强中央地方协调推出了“创新协议”，为推动国内信息技术应用提出了“数字化专项”等系列措施，为支持新经济形式、新业态及初创企业发展设立了风险投资形式的创新基金等①。在地区层面，大区作为技术转移落地的主战场，与中央政策相协调，制定区域创新战略并采取促进本地区技术转移和创新的措施。如托斯卡纳大区于 2018 年发布了《区域技术转移系统》，对大区内十多家技术转移机构进行了系统分析，并就推动技术转移工作提出了建议，各级政府则主要通过建设基础设施或提供配套服务来促进技术转移和创新。

13.2 主要机构

1. 高校与科研机构技术转移办公室

20 世纪 80 年代，意大利开始建立技术转移办公室，2002 年成立的 Netval 和 2004 年意大利大学和科研部的拨款支持措施极大地推动了技术转移办公室发展。仅 2001—2010 年，意大利就成立了 51 个技术转移办公室，在技术转移中发挥了主要载体作用，有力促进了科研成果的转移转化。意大利几乎所有大学和科研机构都设立了技术转移办公室，其中 40%以上的技术转移办公室参与了科技园区的建设，55%以上的技术转移办公室拥有孵化器。

技术转移办公室的主要职能包括管理科研成果并填补科研活动的资金缺口，为所在区域经济复苏提供支撑，争取让科研人员获得较高的收

① 刘建周，孙成永．意大利技术转移体系研究［J］．全球科技经济瞭望，2021，36（3）：34-38，50.

入等。技术转移办公室的服务形式包括支持创办孵化企业，进行知识产权全过程管理，开展技术许可、信息咨询和科研合同管理及产业合作，以及进行种子基金管理、科技园区和孵化器管理等。

2. 科技园区

1991 年意大利成立科技园区组织——意大利科技园协会（APSTI），共有约 40 个科技园区，其中有近 30 个园区是 APSTI 成员。科技园区是技术转移和成果转化的重要平台，为创新公司、中小企业和初创企业提供技术转移活动，同时为实验室和中试工厂提供足够的空间和服务。

意大利科技园区主要分为以下几类：公共财政支持的有孵化器的科技园区、公私合营的有孵化器的科技园区、公私合营的专业性科技园区、完全私营的科技园区及公私合营的网络科技园区。其中前四类园区比较活跃，在技术转移中发挥了重要作用①。第一类园区的典型代表是里雅斯特科技园，这是意大利唯一一个园区主任由大学科研部任命，运行经费由国家财政支出的科技园。里雅斯特科技园的孵化器“创新工厂”自 2007 年成立以来，已成功孵化 300 多家企业。第二类园区包括威内托大区的伽利略科技园和罗马 Tiburtino 科技园等。第三类园区包括都灵环境科技园和生物技术科技园区等。第四类园区代表有帕尔马科技园区和那不勒斯科学城园区等。

3. 商业创新中心和商会协会

1984 年，欧共体推出旨在支持创新型中小企业的公共服务机构商业创新中心（BIC），重点支持创新型孵化中小企业和初创中小企业，至今共批准了 200 家左右，意大利有 30 多家。意大利商业创新中心、商会及行业协会等也在技术转移中发挥了协同作用，为科技园区建设和初创企业发展提供了良好支持。

商会是由政府主导建立的、为企业提供全方位服务的公共机构，所

---

① 韩军. 意大利科学技术概况[M]. 北京：科学出版社，2005：23，38-39.

有企业必须加入商会。商会支持技术转移的主要方式包括协调本地机构与国家相关科技单位建立合作关系，促进本地区企业与区域外和国外研究机构、科技企业的技术转移合作，为技术贸易提供技术审查和评估等。行业联合会和协会在技术转移方面的作用类似于商会，但具有明显的行业特征，如工业联合会、农业联合会、手工业联合会和意大利初创企业协会等。各联合会以举办专题活动等形式，通过相关分会积极推动企业，尤其是中小企业与教育科研机构建立合作关系。

4. 技术转移专业机构

在政府和科技园区政策支持下，意大利还有一些专注于技术转移的孵化器或企业，从市场化角度推动技术转移相关工作。各大区也鼓励相关专业技术转移机构的发展，如托斯卡纳大区就有 Lucca Innovazionee Tecnologia 等十多家技术转移企业。代表性的技术转移机构包括坎帕尼亚大区的新钢孵化器和 Innova 集团。新钢孵化器是经政府认证的孵化器，在那不勒斯科学城等支持下成立，致力于为初创企业提供市场和资金支持，促进初创企业和孵化企业的创建和发展。Innova 集团则通过创新和研发创造价值，将研究成果转化为产业领域的实用技术，为企业创造商业机会①。

13.3 典型案例

1. JoUTT 联合技术转移中心

2016 年，比萨圣安娜大学、IMT 卢卡高等研究学院正式成立 JoUTT 联合技术转移中心，成为意大利技术转移办公室的代表之一；2017 年，

① 刘建周，孙成永. 意大利技术转移体系研究［J］. 全球科技经济瞭望，2021，36（3）：34-38，50.

帕维亚高等研究院也加入其中。

JoUTT 是意大利第三家联合技术转移中心，它依靠高校的经验和优势，通过保护知识产权、发展初创企业及与产业合作来确定科技成果转化和技术转移策略。开展的主要业务包括：知识产权保护，创立孵化企业，促进企业家与研究人员之间的合作，就技术转移管理、研究成果传播和利用等提供咨询，还从事有关知识产权保护和企业家精神的培训活动。JoUTT 已拥有农业、生物医药、化学和生物技术、信息通信技术、电子产品及机械等领域的 100 多项专利和 48 家孵化企业，另有 10 余项具有商业化前景的项目。

2. 罗马 Tiburtino 科技园

1995 年，罗马商会成立了股份制公司——罗马 Tiburtino 科技园，参股机构还包括拉齐奥大区、罗马市政府等。Tiburtino 科技园有 100 多家入驻企业，其中初创企业超过 30 家，涉及信息通信技术、航空航天、绿色经济和研究及技术转移等领域。

Tiburtino 科技园及相关孵化器着力打造极具特色的航空航天产业链，并取得了显著成效。Tiburtino 科技园充分发挥地方特色优势，在航空航天领域深入布局，扶持了一批小微企业和初创企业，专注于航空航天领域产品设计、服务、电子设备和系统及国防工业等，推动了意大利航空航天领域的科技创新、技术转移和产业发展。

3. Innova 集团

1993 年，在罗马 Tiburtino 科技园成立的 Innova 集团致力于通过技术转移和开发推动研究与产业之间的有机结合。目前 Innova 集团已创建 30 多家初创公司，拥有 150 多个具有商业前景的国际研究项目，开展了 1000 多次国际技术转移活动①。

---

① 吴汉荣．技术转移服务创新模式研究：以意大利 Innova 集团为例[J]．科学管理研究，2014，32（3）：117-120.

Innova集团核心业务包括三部分（科技成果产业化全方位咨询、产业开发及颠覆性技术初创企业种子投资），涉及从创新想法的分析到市场启动和业务整合的全过程，有效实现创新链、产业链和金融链相融合的创新服务模式（图13-1）。Innova集团还致力于打造一个集孵化、加速及技术转移为一体的新型研发机构，为技术转移创造新理念，将之与创新文化、商业发展和金融管理等各种创新元素相融合，让应用研究开发之路更加畅通①。

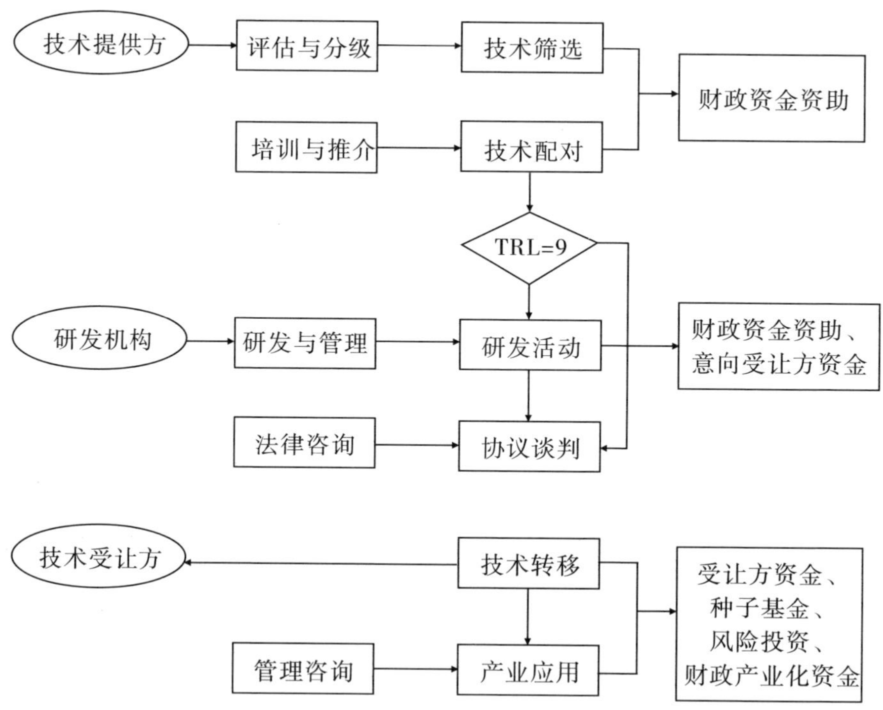

图13-1 创新链、产业链和金融链相融合的创新服务模式

注：TRL为技术就绪度。

---

① 李慧，李莹亮，苏莉娜．专访INNOVA集团联合创始人、LABOR实验室主任Alfredo Picano：技术转移转化创立新公司的意大利模式［J］．科技与金融，2018（增刊1）：45-48.

13.4 对中国的启示

1. 打造创新型初创企业生态系统

意大利政府通过制定多元化政策，力图打造创新型初创企业生态系统，为技术转移和创新发展提供政策支持。创新型初创企业和被认证的孵化器可通过快速通道，以简化方式免费获得中央担保贷款，并可通过快速通道完成，且大部分风险由政府承担。我国可以借鉴相关经验，针对创新型初创企业制定一系列的法规政策，鼓励和方便企业开展科技成果转化，如税收优惠、简化流程、灵活管理等。此外，还可以为初创企业提供“失败快启”服务。通过“失败快启”程序，初创企业可避免被清算程序卡太长时间，能够在声誉和财产损失少的情况下尽快启动新业务。

2. 围绕重点领域深入推进技术转移

意大利在推动科技创新和技术转移中，对重点领域进行战略部署，有力促进创新发展，并在相关领域取得了全球领先地位。通过意大利科技园协会建立协调和互补机制，充分发挥相关大区的领域优势，打造了颇具特色的多元化科技园区，并通过私营参与促进重点领域的创新创业发展。我国可以借鉴相关经验，结合未来的发展趋势，对重点领域进行战略部署，重点发展这些领域的技术创新和产业化。并设立多元化的科学园，协调企业和高校间技术创新和技术产业化不匹配的问题，提升科技成果转化的效率。

3. 金融支撑为技术转移保驾护航

政府在金融领域的相关举措是科研创新和技术转移的重要保障。意大利通过推出创新和技术转移推广网络（RIDITT）项目，为从研究到中小企业技术转让的过程提供融资，并创建平台以刺激国家创新系统的公私合作。意大利政府还为创新型初创企业的贷款提供80%担保，银行仅需承担20%风险，这一举措给初创企业融资提供了极大帮助。中小企业和初创企业是国家技术创新和经济发展的重要载体，我国应借鉴相关经验，建立相关的金融体系重点扶持中小企业的科技成果转化，成立相关平台，促进企业间知识和信息的交流。

14

中国科技成果转化实践与经验

改革开放以来，我国科技成果转化领域发生了极大的变化，相关改革不断深入推进。围绕科技体制改革，国家为高校、科研院所、企业以及科技人员“松绑”，采取财政、税收、金融等方面的扶持措施，制修订法律法规，建立健全科技成果转化体系，先后出台了《中华人民共和国专利法》、《中华人民共和国技术合同法》（简称《技术合同法》）、《中华人民共和国科学技术进步法》、《中华人民共和国促进科技成果转化法》等法律，建立并发展技术市场、科技成果转化机构，支持科技企业、孵化器、高新技术产业开发区等建设。改革开放 40 年来，我国科技成果转化事业成就辉煌，为实现中国式现代化提供了可靠的技术保障。近年来，我国技术市场展现出源源不断的活力，技术转移与成果转化均取得了显著成效。《中国科技成果转化年度报告 2022（高等院校与科研院所篇）》指出，2021 年共有 3649 所高校和科研机构通过转让、许可、作价投资、技术开发、咨询、服务等方式实现了技术转移和成果转化，合同总金额高达 1581. 8 亿元，合同项数更是达到了 564616 项。其中，合同当年到账金额（不含作价投资）为 1016. 9 亿元，科技成果转化总合同金额超过 1 亿元的高校和科研机构数量达到 314 家。这得益于我国关于促进科技成果转化的政策法规和制度安排的逐步实施。政府针对科技成果转化链条中的关键环节，如交易定价等难点，提出了“先使用后付费”的创新模式。同时，为解决成果转化通道不畅的问题，还尝试引入了科技经纪人等解决方案。这些措施共同推动了科技成果转化的顺利进行，有效打通了转化过程中的堵点。

14. 1 相关政策法律、机制

近年来，我国政府越来越重视科技的发展和科技成果的转化，为了缩短与发达国家的科技发展和科技成果转化的距离，推出了一系列促进科技成果转化的政策法规和相关机制，甚至将推动科技成果转化上升到国家战略的重要位置。

14.1.1 相关政策法律

1.《促进科技成果转化法》

《促进科技成果转化法》由全国人民代表大会常务委员会于 1996 年 5 月 15 日通过，自 1996 年 10 月 1 日起施行，2015 年 8 月 29 日修订。《促进科技成果转化法》是我国鼓励研究开发机构、高等院校、企业等创新主体及科研人员转移转化科技成果、推进经济提质增效升级的一部基础性法律①。

修正后的《促进科技成果转化法》共有六章五十二条，内容丰富、亮点突出，有效破除了制约科技成果转化的制度性障碍，打通了科技成果向现实生产力转化的通道，进一步释放高校和科研机构沉淀的大量科技资源，为科技人员创新创业提供了源头活水。可以说，《促进科技成果转化法》是一部以问题为导向的专项立法，一部科技体制改革的法律，一部推动创新驱动发展的法律，是一项同《科学技术进步法》《技术合同法》及知识产权法配套的法律。

2. 国民经济和社会发展规划

近年来，国家十分重视科技成果转化，在国民经济和社会发展规划中多次提到要提高我国科技成果转化的成效，并且提出了科技成果转化的发展目标。例如，《中共中央关于制定国民经济和社会发展第十四个五年规划和二〇三五年远景目标的建议》提出“加强知识产权保护，大幅

---

① 中华人民共和国促进科技成果转化法[EB/OL].（2015-08-30）[2024-06-10]. https://www.gov.cn/xinwen/2015-08/30/content_2922111.htm.

提高科技成果转移转化成效"，这表明我国未来若干年的科技成果转化目标和工作重心是提高成效，包括提升转化水平、增强转化能力、更好地发挥科技成果转移转化对经济社会发展的促进作用①。

2021 年，《中华人民共和国国民经济和社会发展第十四个五年规划和 2035 年远景目标纲要》提到，要加强我国的科技成果转化，并分别从企业主体、人才激励和知识产权运用三个方面推出相关的措施激励科技成果转化。例如，在企业层面，"创新科技成果转化机制，鼓励将符合条件的由财政资金支持形成的科技成果许可给中小企业使用。推进创新创业机构改革，建设专业化市场化技术转移机构和技术经理人队伍。完善金融支持创新体系，鼓励金融机构发展知识产权质押融资、科技保险等科技金融产品，开展科技成果转化贷款风险补偿试点"②。分别从向中小企业转移科技成果、技术转移体系和科技金融三个方面支持企业实施科技成果转化。

3. 财政金融支持政策

科技成果转化是有风险和成本的，为了降低企业科技成果转化的成本，激励高校、科研院所和企业等各方积极推进科技成果转化，我国推出了相关的财政支持政策。例如，2021 年，财政部、科技部印发《国家科技成果转化引导基金管理暂行办法》修订版。该办法的第一条规定是："为贯彻落实《中华人民共和国促进科技成果转化法》，加快实施创新驱动发展战略，加速推动科技成果转化与应用，引导社会力量和地方政府加大科技成果转化投入，中央财政设立国家科技成果转化引导基金。"第二条规定："转化基金主要用于支持转化利用财政资金形成的科技成果，

---

① 吴寿仁. 2019 年以来科技成果转化政策法规述评[EB/OL]. (2021-03-30)[2024-06-06]. https://mp.weixin.qq.com/s/WXz50cTk7MNNwbaAT02ZCw.

② 中华人民共和国国民经济和社会发展第十四个五年规划和 2035 年远景目标纲要[EB/OL]. (2021-03-13)[2024-06-12]. https://www.gov.cn/xinwen/2021-03/13/content_5592681.htm.

包括中央财政科技计划、地方科技计划及其他由事业单位产生的新技术、新产品、新工艺、新材料、新装置及其系统等。”①

此外，财政部办公厅、工业和信息化部办公厅《关于组织推荐2012年国家重大科技成果转化项目的通知》规定，为贯彻落实《国民经济和社会发展第十二个五年规划纲要》，进一步推动产学研用紧密结合，加快科技成果向现实生产力转化，提高企业技术创新能力，推进工业经济转型升级和经济发展方式转变，财政部、工业和信息化部决定2012年继续组织实施国家重大科技成果转化项目。财政部、工业和信息化部在组织专家评审、复核的基础上，研究拟定项目安排和资金补助方案，经公示无异议后纳入项目库，滚动支持、动态管理，持续投入②。

4. 税收优惠政策

国家对科技成果转化实行税收优惠，主要税收政策包括：①科技成果转化税收政策。《关于促进科技成果转化的若干规定》（国办发〔1999〕29号）规定，科研机构、高等学校的技术转让收入免征营业税，即科研单位、高等学校服务于各行业的技术成果转让、技术培训、技术咨询、技术承包所取得的技术性服务收入暂免征收所得税，以股份、出资比例分红或转让股权所得时应依法缴纳个人所得税。《财政部 国家税务总局关于促进科技成果转化有关税收政策的通知》（财税字〔1999〕45号）和《国家税务总局关于促进科技成果转化有关个人所得税问题的通知》（国税发〔1999〕125号）就贯彻落实国办发〔1999〕29号文作出了具体的规定。②股权激励税收政策。《财政部 国家税务总局关于中关村、东湖、张江国家自主创新示范区和合芜蚌自主创新综合试验区有关股权奖励个人所得税试点政策的通知》（财税〔2013〕15号）规定，

① 国家科技成果转化引导基金管理暂行办法[EB/OL]. (2021-11-23)[2024-06-06]. https://www.ncsti.gov.cn/zcfg/zcwj/202111/t20211124_51900.html.

② 国家对科技成果转化的政策支持主要有哪些？[EB/OL]. (2020-11-03)[2024-06-06]. https://baijiahao.baidu.com/s?id=1682325646717705085&wfr=spider&for=pc.

“对试点地区内的高新技术企业转化科技成果，以股份或出资比例等股权形式给予本企业相关技术人员的奖励，技术人员一次缴纳税款有困难的，经主管税务机关审核，可分期缴纳个人所得税，但最长不超过 5 年。”①

5. 人才评价政策

中共中央、国务院《关于深化科技体制改革加快国家创新体系建设的意见》规定，产业化开发由市场和用户评价，着重评价对产业发展的实际贡献。一些地方也对人才评价作了积极的探索。例如，《北京市人民政府关于进一步促进科技成果转化和产业化的指导意见》规定，在专业技术职称评聘中，确保一定比例的名额用于参与技术转移、成果转化和产业化的人员。广东省人力资源和社会保障厅、广东省科技厅《关于进一步改革科技人员职称评价的若干意见》规定，科技成果推广、转化人员的职称评定应与其他科研人员同等对待。凡经单位批准从事应用技术开发、成果推广、转化工作或领办科技开发企业的科技人员，在评定职称时，以解决生产技术问题的能力和推广、转化科技成果的实绩为主要依据。

14.1.2 机制

虽然我国推出了不少政策法规推动科技成果的转化，但是光靠政策法规还不足以完全激发各主体的科技成果转化动力，而且这些政策法规获得的成效离预期也有一定的距离，因此，中央政府还推出了相关机制为我国科技成果转化提供重要保障。

1. 创新机制

2020 年，中共中央、国务院发布了《关于新时代加快完善社会主义

---

① 高柯. 科技成果转化之资金扶持促进科技成果转化政策概览（四）[J]. 华东科技，2015（1）：28-31.

市场经济体制的意见》，提出“建立以企业为主体、市场为导向、产学研深度融合的技术创新体系，支持大中小企业和各类主体融通创新，创新促进科技成果转化机制”①。

《国务院办公厅关于提升大众创业万众创新示范基地带动作用进一步促改革稳就业强动能的实施意见》提出，“支持高校和科研院所示范基地在建设现代科研院所、推动高校创新创业与科技成果转化相结合、推进职务科技成果所有权或长期使用权改革、优化科技成果转化决策流程、完善产学研深度融合的新机制、建立专业化技术转移机构等方面开展试点”②，目的是为加快科技成果转移转化提供制度保障。

2. 完善制度

2020 年，中共中央办公厅、国务院办公厅印发的《深圳建设中国特色社会主义先行示范区综合改革试点实施方案（2020—2025 年）》提出“加快完善技术成果转化相关制度”，包括成果评价机制、科技成果“三权”（使用权、处置权、收益权）改革、赋权改革和利益分配机制，要求深圳“探索政府资助项目科技成果专利权向发明人或设计人、中小企业转让和利益分配机制，健全国有企业科研成果转化利益分配机制”③。

2019 年，《国务院办公厅关于印发科技领域中央与地方财政事权和支出责任划分改革方案的通知》提出，“对通过风险补偿、后补助、创

① 中共中央 国务院关于新时代加快完善社会主义市场经济体制的意见[EB/OL].(2020-05-18)[2024-08-01]. https://www.gov.cn/zhengce/2020-05/18/content_5512696.htm.

② 国务院办公厅关于提升大众创业万众创新示范基地带动作用进一步促改革稳就业强动能的实施意见[EB/OL].(2020-07-23)[2024-06-10]. https://www.gov.cn/zhengce/content/2020-07/30/content_5531274.htm.

③ 中共中央办公厅 国务院办公厅印发《深圳建设中国特色社会主义先行示范区综合改革试点实施方案（2020—2025 年）》[EB/OL].(2020-10-11)[2024-06-10]. https://www.gov.cn/zhengce/2020-10/11/content_5550408.htm.

投引导等财政投入方式支持的科技成果转移转化，确认为中央与地方共同财政事权，由中央财政和地方财政区分不同情况承担相应的支出责任”①。

3. 开展高水平的科研，加快转化服务发展

2020年，《国务院关于深化北京市新一轮服务业扩大开放综合试点建设国家服务业扩大开放综合示范区工作方案的批复》提出，“以未来科学城、怀柔科学城等为依托，推动科技成果转化服务创新发展”②。

2019年，中共中央办公厅、国务院办公厅印发的《关于促进劳动力和人才社会性流动体制机制改革的意见》提出，“开展跨学科和前沿科学研究，推进高水平科技成果转化”③。

4. 技术转移体系建设方案

建设和完善国家技术转移体系，对于促进科技成果资本化产业化、提升国家创新体系整体效能、激发全社会创新创业活力、促进科技与经济紧密结合具有重要意义。党中央、国务院高度重视技术转移工作④。

2017年，中央政府为深入落实《促进科技成果转化法》，加快建设和完善国家技术转移体系，制定了技术转移体系建设方案。该方案的建

---

① 国务院办公厅关于印发科技领域中央与地方财政事权和支出责任划分改革方案的通知[EB/OL].(2019-05-22)[2024-06-12]. https://www.gov.cn/zhengce/content/2019-05/31/content_5396370.htm.

② 国务院关于深化北京市新一轮服务业扩大开放综合试点建设国家服务业扩大开放综合示范区工作方案的批复[EB/OL].(2020-08-28)[2024-06-12]. https://www.gov.cn/zhengce/content/2020-09/07/content_5541291.htm.

③ 中共中央办公厅 国务院办公厅印发《关于促进劳动力和人才社会性流动体制机制改革的意见》[EB/OL].(2019-12-25)[2024-06-12]. https://www.gov.cn/gongbao/content/2020/content_5467509.htm.

④ 国务院关于印发国家技术转移体系建设方案的通知[EB/OL].(2017-09-26)[2024-06-06]. https://www.gov.cn/zhengce/content/2017-09/26/content_5227667.htm.

设目标是：到 2020 年，适应新形势的国家技术转移体系基本建成，互联互通的技术市场初步形成，市场化的技术转移机构、专业化的技术转移人才队伍发展壮大，技术、资本、人才等创新要素有机融合，技术转移渠道更加畅通，面向“一带一路”沿线国家等的国际技术转移广泛开展，有利于科技成果资本化、产业化的体制机制基本建立。到 2025 年，结构合理、功能完善、体制健全、运行高效的国家技术转移体系全面建成，技术市场充分发育，各类创新主体高效协同互动，技术转移体制机制更加健全，科技成果的扩散、流动、共享、应用更加顺畅①。

14.2 主要机构

为加快我国技术转移与成果转化机构的发展，不断提高服务质量，科技部成立了专门的机构将技术转移示范机构的管理纳入科技部创新环境与产业化建设的工作，在国家科技计划中安排技术转移专项经费，支持促进技术转移的服务行为和示范机构的能力建设。

1. 火炬高技术产业开发中心（简称“火炬中心”）

1988 年，党中央、国务院正式批准实施旨在发展我国高新技术产业的指导性计划——火炬计划。1989 年，隶属科技部的独立事业法人单位火炬高技术产业开发中心成立（2023 年，火炬高技术产业开发中心划入工业和信息化部），并成为火炬计划的具体组织实施单位。火炬中心坚持以“国家目标、地方组织、市场导向”为方针，通过国家高新技术产业开发区、科技型中小企业技术创新基金、科技企业孵化器等一系列政策工具的制定

① 国务院印发《国家技术转移体系建设方案》[EB/OL].(2017-09-26)[2024-06-15].https://www.gov.cn/xinwen/2017-09/26/content_5227705.htm.

和实施，在建设创新创业环境、聚集科技资源、促进技术创新与转化、加强科技和经济结合、调整产业结构、增强区域创新能力等方面取得了卓越成绩，极大地推动了我国高新技术的商品化、产业化和国际化①。

2. 中国技术交易所

2009 年，经国务院批准，由北京市人民政府、科技部、国家知识产权局和中国科学院于中关村科技园区海淀园联合共建了中国技术交易所。中国技术交易所坚持“技术+资本+服务”的创新服务理念，致力于打造技术交易的互联网平台、科技融资的创新平台和科技政策的市场化操作平台，以科技资源整合建设国内最大、最全的技术资源平台，以技术产业化推动技术要素的价值确定，以技术交易实现技术资源的流动与价值升值。自 2009 年成立以来，中国技术交易所就明确了技术交易、科技融资和配套服务三条业务主线，加强人才队伍建设，构建会员体系，初步建成了立足北京、服务全国，具有国际化特色的技术交易市场网络②。

3. 中国技术市场管理促进中心

中国技术市场管理促进中心主要从事全国技术市场的协调、联络和组织工作，畅通政府、科研机构与企业的联系，提高企业创新能力和市场竞争力，发展技术市场，保护知识产权，加速科研成果的商品化、产业化和国际化。在中国技术市场管理促进中心和火炬中心的领导下，我国已建立 1000 多家地方技术市场管理机构和 800 多家技术合同认定登记机构，这些机构对技术市场形成了有效的监督管理③。

---

① 李威. 我国技术转移与成果转化的困境及对策分析[J]. 石河子科技，2011(5)：30-33.

② 中国技术交易所简介[EB/OL]. (2019-07-05)[2024-06-17]. https://www.sohu.com/a/324965460_507520.

③ 喻思南. 释放技术市场的巨大能量[EB/OL]. (2020-03-05)[2024-06-06]. http://industry.people.com.cn/n1/2020/0305/c413883-31617962.html.

4. 中国创新驿站

中国创新驿站是中国技术交易信息服务平台和中国技术交易信息服务联盟的重要组成部分和核心载体①。中国创新驿站由国家、区域、基层三级站点组成。国家站点设在火炬中心，根据区域站点提供的地区和行业需求进行国家科技计划成果的筛选、信息整理和调研。区域站点作为省、市中心站点，按照国家站点的部署，组织开展对科技计划成果的筛选、中试孵化、集成、市场化开发、投融资等服务。基层站点为企业提供"一站式"创新支持服务②。

14.3 典型案例

1. 跨国技术转移案例

跨国技术转移包括从国外引进技术和出口技术两个方面。跨国技术转移往往是技术从发达国家向发展中国家转移，体现出梯度转移的特征。为加强跨国技术转移，（新加坡）全球"一带一路"技术转移转化中心、中蒙技术转移中心、中国-东盟技术转移中心、中国-南亚技术转移中心、中国-阿拉伯国家技术转移中心等分国别、分地区的技术转移中心相继设立。同时，牛津大学创新技术转移（常州）有限公司于 2012 年 11 月在江苏常州设立。类似的其他机构也先后设立，积极开展跨国技术

① 胡传甲．我国技术转移体系发展现状、问题及对策[J]．科技传播，2020，12（5）：27-28.

② 李威．我国技术转移与成果转化的困境及对策分析[J]．石河子科技，2011（5）：30-33.

转移，探索跨国技术转移模式①。

（1）（新加坡）全球“一带一路”技术转移转化中心。

2017 年 10 月，在中国科学院曼谷创新合作中心的通力合作下，（新加坡）全球“一带一路”技术转移转化中心（简称“新加坡中心”）注册成立。新加坡中心对接“一带一路”区域企业集群，在东盟及“一带一路”建设国家建设科技交流与合作的产业孵化及转化平台，为“一带一路”建设国家打造技术互通、技术共享及产品共同研发的绿色走廊。配合我国的产业政策和战略，对东盟、“一带一路”建设国家和地区的最新战略技术情况进行系统性的动态跟踪，进而展开深度合作②。新加坡中心为中国民企与新加坡各大学和研究院深度合作、共同投建项目实验室、分享项目成果等提供机会。

新加坡中心将围绕知识链、资本链、产业链，加强“三链”链接，加速科技与经济的深度融合，重点面向东盟国家重大需求和民生经济增长点，与企业、研究机构、高校、政府、金融机构、中介机构、法律服务机构等建立长期稳定的多元化、多边创新集群和组织的战略联盟，帮助地区实施创新驱动发展战略，构建现代产业体系，提升产业竞争力和自主创新能力，形成产业结构高级化、产业发展集聚化、产业竞争力高端化的现代产业体系。

（2）上海科威国际技术转移中心有限公司。

2001 年，由上海市科技创业中心、上海高新技术投资管理有限公司和科威国际技术转移有限公司等共同投资组建的上海科威国际技术转移中心有限公司成立。该公司是一家以国际化科技合作与商务拓展为主营

① 西宁科技大市场. 如何实现技术转移？有以下 9 个途径[EB/OL]. (2023-11-28)[2024-06-06]. https://mp.weixin.qq.com/s/e0q1gk9-9NU7Rqx_3FS3Bg.

② 中国产学研究合作促进会.（新加坡）全球“一带一路”技术转移转化中心助力“一带一路”产业建设 促进互利共赢发展[EB/OL]. (2020-07-29)[2024-06-06]. https://baijiahao.baidu.com/s?id=1673525512980864202.

业务方向的国际性技术转移咨询服务机构，致力于促进国际产学研合作及提供与产业转移的相关服务，努力探索适于中国国情的、具有科威特色的国际化技术转移服务模式。

该公司是科技部认定的国家技术转移示范机构、对俄科技合作基地联盟成员，承担了亚洲企业孵化器、上海国际技术转移协作网络两大秘书处职能，以及是加拿大安大略省经济发展部在华代表处、波兰“创业之路”、西班牙 Tecnalia 国家技术转移中心等多家机构的在华技术推广联络人。该公司拥有广泛的国际科技合作渠道与丰富的资源，拥有国际合作伙伴 180 余家，其中保持密切联系的近 100 家，合作网络覆盖亚洲、欧洲、美洲及大洋洲主要国家。此外，该公司还承担清华大学国际技术转移中心的商业化运作①。

（3）中国-东盟技术转移中心。

2013 年，由科技部和广西壮族自治区人民政府共建，广西科技厅牵头建设和管理，广西东盟技术转移中心具体运营的中国-东盟技术转移中心成立。该中心是目前国内唯一一家面向东盟的国家级技术转移机构，以发展成为链接中国与东盟国家创新资源和开展跨国技术转移的重要枢纽为目标，为区域创新一体化发展提供科技服务支撑，先后被科技部认定为国际科技合作基地、国家技术转移示范机构和国家技术转移人才培养基地。

中国-东盟技术转移中心积极推进与东盟各国共建政府间双边技术转移工作机制，并与东盟 9 个国家建立了双边技术转移工作机制，建成覆盖中国及东盟十国的技术转移协作网络，已有网络成员 2600 多家，搭建了中国-东盟技术交易平台，举办了包括中国-东盟技术转移与创新合作大会在内的一系列富有实效的技术转移对接活动，探索出一套“资源+

① 西宁科技大市场. 如何实现技术转移？有以下 9 个途径[EB/OL]. (2023-11-28)[2024-06-06]. https://mp.weixin.qq.com/s/e0q1gk9-9NU7Rqx_3FS3Bg.

渠道+平台+服务+载体”五位一体的、面向东盟的国际技术转移工作模式，已成为中国与东盟国家开展技术转移与科技交流合作的主要平台和重要渠道。

2. 区域技术转移案例

科技成果转移具有较明显的跨区域特征，科技成果总是从科技发展水平高的地区向科技欠发达的地区转移，区域技术转移也是一条重要的途径。我国《技术市场“十二五”发展规划》提出建设国家技术转移集聚区和区域技术转移核心区。按照科技部对国家技术转移体系的战略规划，在全国构建“2+N”技术转移体系①。

具体而言，“2”是指在中关村建设国家技术转移集聚区、在深圳市建设国家技术转移南方中心；“N”是指在我国中部（武汉）、东部（上海）、西北（西安）、西南（成都）、东北（长春）等地建设大区域技术转移中心，亚太、欧盟、东盟、海峡等国际技术转移中心及部分行业性技术转移中心。“2”和“N”之间通过现代信息技术手段和业务流实现整合、资源共享及国际链接，扁平化链接各国家高新区的技术转移中心，带动形成全国技术转移一体化新格局②。

（1）国家技术转移集聚区。

2013 年 9 月 13 日，科技部与北京市人民政府签署了《科技部 北京市人民政府共同建设国家技术转移集聚区合作框架协议》，国家技术转移集聚区、中国国际技术转移中心揭牌。国家技术转移集聚区以中关村西区为核心进行建设，引领全国各地实现多元化、大规模、跨区域的技术转移格局③。

---

① 郭曼. 国家技术转移区域中心发展评述[J]. 中国科技产业，2017（12）：72-75.

② 吉林省“国家技术转移东北中心建设发展规划”获批[EB/OL]. (2015-09-30)[2024-06-20]. https://www.ndrc.gov.cn/fggz/dqzx/lzydfzxfz/201509/t20150930_1085086_ext.html.

③ 肖蕾，黄平. 国家技术转移集聚区与中国国际技术转移中心的创新实践[J]. 科技创新与品牌，2020（8）：64-67.

（2）国家技术转移南方中心。

2014 年，由科技部和深圳市人民政府共建的国家技术转移南方中心（简称“南方中心”）在深圳揭牌成立，与国家技术转移集聚区形成一南一北遥相呼应的格局。南方中心的建设，将以推动科技与经济紧密结合为目标，以深化科技体制改革为突破口，开展市场有效配置全球创新资源的探索与实践，构建以深圳为核心的跨区域、跨领域、跨机构的技术流通与转换新格局。科技部将加强对南方中心建设和发展的指导，在方案实施、项目安排、政策先行先试等方面给予积极支持；深圳市人民政府则在技术转移政策落实、技术转移服务体系建设、南方中心基地建设、资金投入机制探索和金融创新促进技术转移等方面给予重点保障①。

（3）国家技术转移东部中心。

2015 年 4 月，国家技术转移东部中心揭牌。该中心围绕打造技术转移功能性平台的目标，实行政府主导、市场化运作的模式，积极引导技术转移和技术交易机构集聚。国家技术转移东部中心致力于提供技术交易、科技金融、产业孵化全链条服务，打通高校、科研机构、企业间科技成果转化通道，构建平台化、国际化、市场化、资本化、专业化的第四方平台，打造科技成果转化创新生态体系，助力上海建设具有全球影响力的科创中心②。

（4）国家技术转移中部中心。

2014 年 10 月，科技部批复同意《科技部 湖北省人民政府共建国家技术转移中部中心方案》，明确该中心发挥中部地区枢纽、科技资源富集、创新创业活跃基础和优势，打造国家级技术转移机制完善和模式创新示范区，探索中部乃至全国技术市场发展和技术转移体制机制创新。

---

① 深圳特区报．国家技术转移南方中心落地深圳[EB/OL]．(2014-11-17)[2024-06-06]．http://politics.people.com.cn/n/2014/1117/c70731-26039337.html.

② 国家技术转移东部中心．技术转移东部中心[EB/OL]．(2018-07-11)[2024-06-20]．https://www.netcchina.com/about-us.

国家技术转移中部中心以形成覆盖全省市州县、高校院所、园区集群的技术转移服务网络为目标，推动湖北省乃至中部地区形成“1+N”的技术转移网络体系，为科技成果转化和技术转移提供“一站式”、专业化服务，为区域协同创新提供有力支撑，由湖北技术交易所具体实施①。

（5）国家技术转移西南中心。

2015年，科技部同意批复四川省国家技术转移西南中心（简称“西南中心”）建设方案，推动全球创新要素跨行业、跨区域、跨国界转移。西南中心遵循“创新、协调、绿色、开放、共享”的发展理念，按照“政府引导、市场主体、示范引领、协同创新”的建设原则，以成都高新区菁蓉国际广场为核心载体，重点构建“1+4+N”的西南技术转移转化服务体系；采用线上线下相结合的服务模式，聚集优质科技服务资源；明确“立足四川、面向西南、辐射全国、链接全球”的发展定位，着力打造西南地区专业化的技术成果交易市场、高新技术服务超市、技术转移服务机构核心聚集区、技术转移人才培养基地、军民融合技术交易平台、高校院所成果集散地和国际技术转移示范区②。

（6）国家技术转移西北中心。

2015年5月，科技部批复《关于同意国家技术转移西北中心（丝绸之路经济带技术转移中心）建设规划的函》。国家技术转移西北中心（丝绸之路经济带技术转移中心）（简称“西北中心”）以“培育高端人才、打造金牌行业、构筑交流平台、促进合作共赢、推动创新发展”为宗旨，通过重点培养中、高级技术经理人，制定技术转移行业规则，维护市场秩序，充分发挥桥梁和纽带作用，促进科技服务业健康发展。

---

① 湖北日报. 湖北大力推进国家技术转移中部中心服务体系建设 为高质量发展提供有力支撑[EB/OL].（2022-09-24）[2024-06-20]. https://sohu.com/a/587644530_121372103.

② 四川省技术转移中心. 关于四川省技术转移中心[EB/OL].（2016-12-23）[2024-06-20]. http://www.scsttc.com/about/.

西北中心的定位是打造丝绸之路经济带技术转移中心，构建特色技术转移服务体系，助力“一带一路”倡议实施①。

（7）国家技术转移东北中心。

2015 年 9 月，科技部批复同意国家技术转移东北中心（简称“东北中心”）建设发展规划。东北中心承担东北地区技术转移核心区的职能，通过集聚、整合和利用国内外创新资源，为东北地区老工业基地振兴战略提供有力支撑。东北中心依托长春新区和北湖科技园，采用企业化管理方式和市场化运营模式，以科技成果转化、技术转移人才培养和科技金融三大服务平台为支撑，重点开展供需对接、技术交易、科技成果评价、技术合同登记、技术转移人才培训、科技金融服务、专精特新企业服务平台、知识产权托管平台八大业务板块②。

（8）国家技术转移海峡中心。

2015 年，科技部批准依托于福建的国家技术转移海峡中心（简称“海峡中心”）建设。海峡中心定位为区域创新体系建设的支撑平台、两岸技术转移的对接平台、服务自贸试验区技术创新的重要载体、海上丝绸之路核心区建设的技术集聚平台③。海峡中心将按照“政府引导，市场运作；需求导向，立足特色；先行先试，协同创新；企业主体，平台支撑”四大建设原则，围绕平台、网络、机制、政策、人才和文化等方面，统筹创新资源，完成聚集内外科技资源、建设创新服务平台、提升科技创新水平、创新科技金融服务、构建技术转移网络等五大主要任务，实现规模、功能、能力和管理四个方面的战略提升，加快国家技术

① 11 个国家技术转移中心的布局你了解多少？[EB/OL].(2021-02-24)[2024-06-06].https://zhuanlan.zhihu.com/p/352522372.

② 国家技术转移东北中心致力于促进区域经济社会发展[EB/OL].(2022-09-15)[2024-06-20].http://jl.people.com.cn/n2/2022/0915/c349771-40125197.html.

③ 福建设立国家技术转移海峡中心[EB/OL].(2015-06-20)[2024-06-06].https://www.chinanews.com.cn/m/sh/2015/10-10/7562862.shtml.

转移海峡中心的建设运营。

（9）国家技术转移苏南中心。

2014 年 2 月，苏州自主创新广场获批国家技术转移苏南中心。该中心定位为国际创新资源区域集散地、国际人才创新创业首选地、区域科技体制改革试验区、区域政府创新服务主阵地、区域高端科技服务集散区、区域创新资源配置主枢纽。国家技术转移苏南中心是全国“2+N”技术转移体系布局在苏南地区的一个重要的功能性平台，初步构建起以技术转移、科技金融、公共研发、科技咨询、知识产权、科技人才为重点的集成化科技创新服务平台①。

（10）国家技术转移郑州中心。

2013 年 12 月，科技部正式批复同意国家技术转移郑州中心建设发展规划。国家技术转移郑州中心是继北京中关村之后，国家批复的第二个区域性技术转移中心，是河南省全力打造的集科技研发、技术交易、成果转化、对外开放合作等功能于一体的综合性科技服务平台。2022 年 8 月，该中心基本竣工，投用后将吸引高水平研发机构和技术转移转化服务机构，广泛集聚技术成果和高端人才②。

（11）国家海洋技术转移中心。

2014 年 10 月，科技部批复青岛市在国家高新区建设国家海洋技术转移中心的规划。国家海洋技术转移中心主要提供在海水养殖、渔业规划、海洋生物资源、海洋生物种质鉴定、海洋环境污染、水产品质量检验等方面的科技成果评价与咨询，同时开展检验检测、工程化开发、集成熟化和转移转化等工作。通过该中心，可推动集成、成熟和配套的技术成果向相关行业辐射、转移和扩散，加大技术的辐射力度，促进海水养殖

① 国家技术转移苏南中心发展战略研讨会在苏州召开[EB/OL].(2015-01-27)[2024-06-20]. https://www.gov.cn/xinwen/2015-01/27/content_2810734.htm.

② 国家技术转移郑州中心基本竣工[EB/OL].(2022-08-15)[2024-06-06]. https://www.henan.gov.cn/2022/08-15/2560666.html.

产业的改造升级；创建一流的技术转移服务平台，培养一流的技术转移转化人才，打造一流的科技成果评价第三方机构，形成我国第一个在海洋渔业领域集科研开发、技术创新、科技评价、咨询服务与技术转移转化于一体的分中心①。

3. 科技成果转化平台案例

（1）DayDayUp 国际创新加速器。

DayDayUp 国际创新加速器（北京飞牛科技有限公司）是中关村管委会认定的创新型孵化器，主要业务是为国际科创企业提供加速服务。在过去的几年里，DayDayUp 服务了超过 150 家创新创业公司，总估值超过 40 亿美元。DayDayUp 具有 70% 的国际化背景，拥有超过 40 家外资企业，其中 20 余家正式落地北京，包括 4 家上市公司和 3 家独角兽企业，有实际交易结果的成功案例超过 100 个②。

自 2015 年创业伊始，DayDayUp 便在自身定位、打造科技服务业态、商业模式构建等方面进行了诸多探索。在国际方面，它与新加坡企业发展局、以色列经济产业部等海外政府机构建立了紧密的合作关系，成立了示范国际合作项目；在国内，它与中关村科技园、无锡高新区等开展深度合作，通过联动创业公司、大企业、投资人、政府等多方协作渠道，初步建立了长期可持续的商业模式。

（2）北京智源人工智能研究院。

2018 年 11 月，由北京市科委和海淀区政府推动成立的北京智源人工智能研究院（Beijing Academy of Artificial Intelligence，BAAI）（简称“智源研究院”）是落实北京智源行动计划的重要举措。智源创新中心是智

① 黄海水产研究所. 本所概况[EB/OL]. (2023-12-31)[2024-06-20]. http://ysfri. cafs. ac. cn/bsgk. htm.

② 百佳技术转移案例 | 最佳跨境创新技术产业化平台案例：DayDayUp 国际创新加速器[EB/OL]. (2022-01-04)[2024-06-20]. http://www. ciste. org. cn/gjjsmy/gjjsjylm/art/2023/art_397d384163114fb9bb0a3fa744e44862. html.

源研究院的技术创新转化平台，关注人工智能领域核心技术与重大应用需求，挖掘技术的商业价值，通过市场化机制筛选并支持科学家、创新创业人才以及优势创业企业开展技术开发创新、工程化研究与验证、成果应用与推广等活动，发挥技术杠杆作用，促进北京人工智能产业发展。

智源创新中心以技术商业化为主线，与科学家、创新创业人才以及优势创业企业共同推动人工智能技术创新与产业发展。一是围绕智源重大学术方向，支持智源学者或高校院所人工智能科学家基于自身原始重大创新成果进行的技术创新项目，实现成果落地转化；二是支持已初步实现落地成果的重大技术提升或帮助行业共性关键技术开发的项目，实现跨越式发展；三是支持新兴行业发展过程中对人工智能关键技术需求开发，加速人工智能面向实际应用的广泛渗透和落地①。

4. 高校科技成果转化案例

（1）北京中关村。

2018 年 4 月，教育部科技司、中关村科技园区管委会共同制定了《促进在京高校科技成果转化实施方案》（简称《实施方案》），从六个方面推出十二项具体措施：一是“专人专事”，成立高校技术转移办公室；二是“高效融合”，建立在京高校概念验证中心；三是“核心突破”，建设校企协同创新中心；四是“聚焦前沿”，举办全球前沿技术大赛；五是“考核评价”，建立合作对接机制；六是“深度合作”，支持在京高校建立科技成果转化基金②。

为促进在京高校科技成果转化，《实施方案》要求建设专业化科技

① 百佳技术转移案例丨最佳跨境创新技术产业化平台案例：北京智源人工智能研究院[EB/OL].(2021-12-24)[2024-06-23]. http://www.ciste.org.cn/gjjsmy/gjjsjylm/art/2023/art_99108c91392f4917b6751d27bb707330.html.

② 教育部科学技术司 中关村科技园区管理委员会关于印发《促进在京高校科技成果转化实施方案》的通知[EB/OL].(2018-04-16)[2024-06-20]. http://www.moe.gov.cn/s78/A16/tongzhi/201804/t20180427_334550.html.

成果转化服务机构，注重科技成果项目源的筛选储备，注重各方协同、形成合力，解决科技成果转化“最后一公里”问题，同时加强配套服务，为科技成果转化项目落地提供有力支撑。另外，需要从深化科技成果“三权改革”着手，在科技成果使用、处置和收益分配等方面，赋予高校院所更多自主权。

（2）深圳。

《深圳市关于进一步促进科技成果产业化的若干措施》专门围绕科技成果产业化这个核心，有效激励了深圳市高校和科研院所的科技成果转化工作，下放了科技成果的使用权、处置权和收益权，极大地推动了科技成果的转移转化。为了避免科技成果转化率低的情况，中国科学院深圳先进技术研究院从组建开始就定位于市场需求，采取科研与产业化结合的“双螺旋”战略，解决科技成果市场化的难点和痛点，通过政策松绑和市场刺激，建立共享利益机制①。

（3）武汉。

科技成果转化是一项系统工程，需要强有力的组织、领导及协调推动。武汉市从科技体制改革入手，成立了市科技成果转化局。武汉市科技成果转化局在全国率先提出虚拟机构、实体运作，不新增机构、不新增人员编制的运行机制，工作人员从武汉市科技局现有职能处室及局属事业单位中调整。同时，针对科技成果转化专业性强、技术含量高等特点，武汉市专门聘请在汉院士专家组建科技成果转化院士专家顾问团，参与全市科技成果转化的重大决策和政策制定，打通创新链、产业链和资金链②。此外，为贯彻落实《武汉市创新发展三年行动方案（2022—

① 深圳市人民政府办公厅印发深圳市关于进一步促进科技成果产业化若干措施的通知[EB/OL].(2021-02-24)[2024-06-20]. http://www.sz.gov.cn/zfgb/2021/gb1189/content/post_8576130.html.

② 刘志伟，刘晶晶. 武汉成立科技成果转化局[EB/OL].(2017-08-16)[2024-06-06]. https://www.sohu.com/a/164966906_267106.

2024年）》（武政〔2022〕12号）建设“410工程”的目标要求，加快推进市级科技成果转化中心建设，武汉市决定认定武汉市集成电路科技成果转化中心等5个中心为2022年度首批武汉市科技成果转化中心，积极对外开展科技成果转化服务，在促进科技成果产业化中发挥示范引领作用，为武汉市产业创新发展提供有力的技术支撑①。

（4）青岛。

2018年5月，青岛市科技局正式发布《2018年产学研对接专项行动方案》。2018年，青岛市科技局在全市举办七大板块共200余场产学研对接活动，通过组织综合性成果交易、高校院所成果推介、重点企业精准对接、中介机构对接服务、国际技术交流合作、科技招商、线上常态化成果发布等活动，逐步建立起渠道广泛、形式多样、内容丰富、线上线下结合的产学研对接机制，进一步畅通科技成果转移转化渠道，构建产学研紧密结合的技术转移体系②。

14.4 科技成果转化体系存在的不足

当前，全球科技革命和产业变革正在深入发展，我国对于实现高水平科技自立自强、培育新动能的需求愈加紧迫。因此，科技创新必须与国家战略需求和经济社会需求紧密相连，推动重大科研成果迅速转化为先进生产力，以解决关键核心技术受限，特别是那些制约发展的“卡脖

① 市科技局关于认定2022年度首批武汉市科技成果转化中心的通知[EB/OL]. (2022-08-12)[2024-06-20]. https://kjj.wuhan.gov.cn/wmfw/tzgg/tzgg_18371/202208/t20220812_2022402.html.

② 青岛市全面开展产学研对接专项行动[EB/OL]. (2018-05-28)[2024-06-20]. https://www.most.gov.cn/dfkj/sd/zxdt/201805/t20180527_139689.html.

子”问题。尽管我国在科技成果转化和国家技术转移体系建设方面已取得了显著进展，但仍面临一系列体制、机制障碍。主要问题包括：科技成果转化政策的落实受到某些阻碍因素的影响；科技成果评价专业服务行业的发展相对滞后；当前的专业人员数量和水平无法满足科研人员和企业日益增长的成果转化需求；不同区域间的科技成果转化发展水平存在明显的不平衡；高校和科研机构自建的科技成果转化专门机构数量相对较少，并且所提供的科技成果与企业实际需求之间的匹配度不高；科技成果转化对政府财政资助的依赖过重，而其他金融投资机构的作用尚未得到充分发挥；等等。

14.4.1 政策法律、机制方面的不足

1. 体制机制障碍

长期以来，技术转移与成果转化是我国国家创新体系建设中的薄弱环节，缺乏良好的体制、机制和政策环境成为我国企业提高自主创新能力的重大障碍①。我国没有从根本上解决科教分割体制性问题，某些方面甚至还有强化趋势，科技与经济脱节的问题也未得到根本解决，科技成果转化为现实生产力的渠道不畅，无论是科技体制还是教育体制都有待进一步改革完善②。

西方发达国家通过制定和完善相关法律，将技术转移与成果转化作为提升国家和企业竞争力的重大战略，如美国有《拜杜法案》和《史蒂文森-威德勒技术创新法》、法国有《创新和研究法》等。从某种程度上

① 国家技术转移促进行动实施方案[EB/OL].(2007-12-05)[2024-06-06]. http://www.ctp.gov.cn/jssc/zcfg/200712/cb865870feb047db85803a3896a50377.shtml.

② 和晓楠. 我国技术转移转化服务体系存在的问题分析[EB/OL].(2020-07-14)[2024-06-06]. https://mp.weixin.qq.com/s/sHsqB9QIMBO8oiujMKPZYw.

说，我国有利于技术转移与成果转化的法律和规定还有待进一步补充与完善①。

2. 转化链条不完整，转化率低下

在我国的科技成果转化链条中，科技成果主要来自高校和科研院所，而高校和科研院所以基础研究为主，从一开始就是以理论成果为主要目标，在理论成果形成后再考察其是否具有产业前景，科研成果转化也主要是依靠科研人员自己转化，专门从事科研成果转化的服务人员比较少。这种研究模式不是由市场需求拉动研发，且转化也不是由专业机构进行，自然导致科技成果转化效率不高。

此外，在科技成果转化涉及的领域中，存在部门分割、资源分散、过于强化政府作用、市场配置资源的作用仍然不足等问题；政策文件较多，但不少文件落实不力，没有达到预期效果。在实际工作中，经常出现 5 个瓶颈问题：科技成果好而不熟，需要评价筛选服务；市场需求多而不精，需要挖掘梳理服务；转化路径设计不科学，需要方案设计服务；转化过程不连续，需要过程促进服务；转化资源要素不到位，需要资源配置服务。为此，亟待建设遵循科技成果转化规律的全链条专业服务体系和大批的专业技术经理人队伍②。

3. 缺乏关键项目培育机制

在新发展格局、推动高质量发展方面，为抢占世界科技前沿，我国以打造“领跑”项目为目标的重大科研设施工程和重大科技创新项目工程正在快速推进，成效十分显著，以广大科创企业为主体的企业创新和产业创新也如火如荼，作用十分突出，但是，以重点产业方向关键核心技术支撑、重大产业领域能力升级为目标的重大优秀关键科技成果转化

---

① 李威. 我国技术转移与成果转化的困境及对策[J]. 河南科技，2011（21）：30-31.

② 浅析我国科技成果转化[EB/OL].(2022-12-27)[2024-06-06]. https://www.163.com/dy/article/HPJ2LPC2053874V0.html.

项目却处于分散作战、资源不够、能力不足、效果不佳的状况。从这个意义上来说，抓重大优秀关键科技成果转化项目促进工程是当务之急、重中之重。

14.4.2 机构建设方面的不足

1. 技术交易市场发育不充分

改革开放以来，我国科技体制不断完善，但传统粗放的、混沌的技术转移转化模式仍然遗留了不少问题。例如，没有培育好科技成果转化环节并使之发挥独特作用，特别是在企业对科技成果的承接能力不足的背景下，技术交易市场发育仍不充分，市场网络、风险投资的作用并未得到有效发挥，产业链、创新链嫁接仍不成熟，相应配套机制不匹配等①。一项技术从研究开发到技术转让、产品上市，一般需要经历研发和转化阶段，这两个阶段有着明显的区分，其实现条件、实现方法也不相同。研发阶段主要在实验室进行，只需实现想法并证明其正确性，或者根据想法做出样品即可；而转化阶段主要在工厂进行，需要把样品投入生产实际，把样品变成产品，销往市场并取得经济价值和社会价值。这两个阶段有显著不同，二者的衔接容易脱节，导致创新链条断裂，可能导致从事基础研究的高校、科研院所不知道企业需要什么技术，研究内容不接地气，科研成果在创新性研究投入偏少的企业得不到充分的技术支持，最后企业技术创新只能走向“山寨”和“仿制”等。

2. 高校科技成果转化率低

我国每年有几万项科技成果面世，从验收过程看，这些成果几乎都是成功的，然而其转化率较低，特别是高校科技成果的转化率。我国高

---

① 张瑞萍，历军．建立以需求为导向的科技成果转化机制[EB/OL]．(2019-03-15)[2024-06-06]．https://www.gov.cn/zhengce/2019-03/15/content_5373810.htm.

校科技成果转化的现状，主要存在以下几方面问题：一是创新动力不足。部分高校过度关注论文、专利和产品的成本，也普遍缺乏技术承接的能力，整体上缺少创新文化的土壤。二是中试空白。国内科研机构普遍缺乏资金，没有能力开展科研成果中试；中小企业对技术和工艺没把握，不敢中试。三是缺乏资金。我国大部分企业的研发资金占销售额的比例小于1%，而国外部分高新企业的这一比例大于25%。正常的技术研究和中试之间的资金比例应该是1∶10,而我国这一比例仅为1∶0.7①。

3. 基础条件薄弱

据不完全统计，发达国家对科研成果的推广应用率在60%～80%，而我国目前的科技成果推广应用率只有40%左右，科技成果转化率不足20%，真正实现产业化的科技成果还不足5%②。造成这种局面的主要原因是我国技术转移与成果转化的基础条件比较薄弱。总体而言，我国在技术转移与成果转化资金投入、设施条件、基础平台、管理与环境等方面还存在诸多的困难。重大的科技成果转化需要强大的资金支撑，而且具有一定的技术与市场风险，而我国一些重大技术转移与成果转化项目缺乏战略层面的科技发展规划和组织，导致具体的项目资源无法整合、科研成果共享率较低。此外，我国的技术转移与科技成果转化平台的综合性、交叉性及国际化程度普遍较低，科研力量分散、低水平重复现象仍较为严重，导致技术转移与成果转化在技术市场中处于弱势③。

4. 科研机构与企业合作主动性较低

企业是技术创新的主体，比科研机构更了解产业发展趋势与市场

---

① 科技成果转化有什么样的规律，又会有什么样的趋势[EB/OL].(2018-03-28)[2024-06-06]. https://www.163.com/dy/article/DE06PMRH0511QNT7.html.

② 邓群. 支持中小企业科技成果转化的税收政策研究[D]. 南昌：江西财经大学，2019.

③ 李威. 我国技术转移与成果转化的困境及对策[J]. 河南科技，2011（21）：30-31.

需求，科研机构的技术研究应该与企业进行信息沟通，或者吸纳企业的技术人员进行合作研究。但研究发现，我国科研机构的研究主要是根据相关政府部门科技计划进行选题的，缺少与企业合作，很少吸纳企业同行参与科技项目研究，造成科研机构的研究与企业的需求信息不对称，从而导致大部分的科研成果难以有效对接，许多科技成果不能进行转化。

14.4.3 其他方面的不足

1. 评价体系不完善，转化质量不高

长期以来，我国科研机构大多数科研人员更多地关心自己发表论文和拥有专利的数量，而不太关心研究成果能否转化，对推进科技成果转移转化的积极性不高。造成这种现象的原因与我国现行的职称评定规定有密切关系，科技人员的职称评定尚未把科技成果转化作为考核指标，或者其虽已被列入考核指标但所占权重非常小，致使科研机构的科技成果转化工作没有达到很好的效果①。由于以上原因，我国科技成果转化中存在“多、少、弱”现象：供给侧（包括科技成果、科技专家、科研装备、科研机构）的特点是单项的“优秀科技资源”多；需求侧希望承接成熟阶段的技术（企业项目、产业项目）少；服务侧（专业化、系统化、市场化、职业化）的服务能力弱，发挥的作用和效果有限。在科技创新支撑体系中，需要三个重要的参与方，即科技供给侧、产业和企业需求侧、第三方服务机构有效协同才能发现、挖掘、培育、促进和产生高质量的科技成果转化落地项目，三者均强才能不断产生高质量的科技成果转化落地项目。

---

① 谭保罗．我国科技成果转化现状与问题研究[EB/OL]．(2021-08-16)[2024-06-06]．http://paper.chinahightech.com/pc/content/202108/16/content_43724.html.

2. 对科技成果的动态管理不够

科技是第一生产力，但并不简单等同于生产力，只有把具有实用价值的科技成果商业化、产业化，即将科技成果转化，科技才能变成生产力。根据魔川–死谷–达尔文海创新模型理论，科技成果转化的风险点贯穿研究、开发、商业化和产业化的各个环节，所以必须对其进行全生命周期管理，我国对科技成果的动态管理不够，这也是我国科技成果转化成功率偏低的原因之一①。另外，如果对科技成果转化动态管理的特点把握不够精准，产学研结合效果也不好。要从科技成果评价标准入手，按照“重大、优秀、关键、转化”对科技成果分类分级，促进产学研之间结合的驱动力在不同维度发生反应，加快科技成果转化落地。

3. 专业人才资源不足

我国技术转移与成果转化体系由粗放型技术转移与成果服务占据主导地位，专业化的服务人才相对缺乏。技术转移与成果转化是一项复杂的系统工程，包括技术成果、信息、能力的转让、移植、引进、交流和推广普及，缺少科学大师和战略科学家，以及缺乏专业的技术转移与成果转化方面的人才，难以开展高水平的重大科技前沿研究，从而难以取得重大科技成果，特别是高水平原创性成果，不能适应时代发展需要。长期以来，受传统计划经济体制的影响，我国科研系统缺乏由专业人员组成的技术转移与成果转化机构提供的专业服务，致使部分科研人员进入不熟悉的商业化应用领域时需耗费大量时间和精力，出于风险和转化成本等因素的考虑，部分科研人员选择将技术转移与成果转化暂时搁置不理而继续从事其他研究工作②。由于技术转移与成果转化过程中存在信息不对称，技术需求和技术供给不能实现充分的沟通和有效的转化。

---

① 浅析我国科技成果转化[EB/OL].(2022-12-27)[2024-06-06].https://www.163.com/dy/article/HPJ2LPC2053874V0.html.

② 潘文华，王友良.我国技术转移的症结及对策[J].东北农业大学学报（社会科学版），2010，8（2）：48-52.

因此，培育专业化技术转移与成果转化人才队伍，建设专业的技术转移与成果转化中介组织也是不可忽视的①。

4. 科技人员创新激励机制不足

一直以来，我国科研机构的经费来源比较单一，几乎全部源于政府的财政拨款，业务也主要为向政府提供服务，不太注重开拓市场、推广技术和服务，导致科技研究与成果转化相分离。同时，科研成果的知识产权使用、处置、收益分配都比较烦琐，作为主要贡献者的科研人员或推动科技转化的团队难以获得有效激励，不能获得合理的收益回报，严重制约了科技人员从事科技创新和科技成果转化的积极性。

① 和晓楠. 我国技术转移转化服务体系存在的问题分析[EB/OL]. (2020-07-14)[2024-06-06]. https://mp.weixin.qq.com/s/zmnZf9S3t0WFwHGemr28yA.

15

我国科技成果转化体系建设建议

科技创新是建设中国式现代化的战略支撑，是引领高质量发展的核心驱动力。当前我国已进入创新型国家行列，科技创新实力稳步大幅提升，取得了举世瞩目的成就。在迈向世界科技强国的进程中，我国科技成果转化服务模式及体系建设可积极借鉴国内外的有益经验和做法，加快解决阻碍和制约科技成果转化的关键性问题。充分发挥市场在资源配置中的决定性作用，加快政府职能转变，完善政策环境，培育和壮大科技服务市场主体，创新科技服务模式，延展科技创新服务链，促进科技服务业专业化、网络化、规模化、国际化发展。

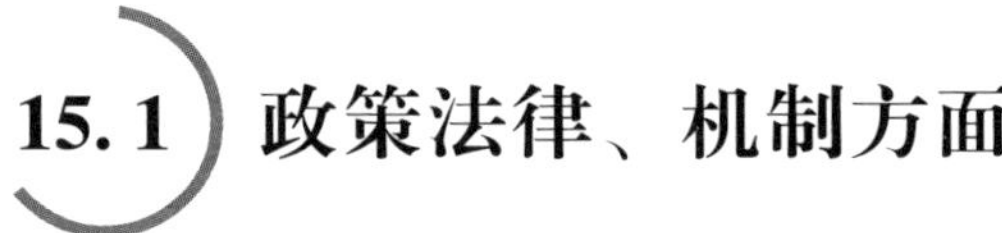

15.1 政策法律、机制方面

1. 健全政策法规

政府政策法规的制定和实施是促进科技成果转化的重要手段。政府应进一步转变职能，做好科技成果转化相关政策法规的制定工作，加强政府的宏观调控和加大政策扶持力度，积极引导和鼓励高校、科研机构与企业的紧密结合，探索“官产学研”合作共建模式。通过政策法规体系的建立，促进科技成果的推广应用，形成法律定位清晰、政策扶持到位、监督管理严格、市场公平竞争的良好环境；同时，重视政策和法律法规的实施，坚决落实已经出台的各项政策法规①。

2. 推进体制创新

技术转移与科技成果转化既是我国科技与经济发展的重要活动之一，也是科技体制改革的主要内容之一。早在 1985 年中共中央发布的《关于

① 王金龙，沈丽娜，王明秀. 国外科技成果转化的成功经验及启示分析[J]. 生产力研究，2017（12）：103-106，112.

科学技术体制改革的决定》中就已明确提出“开放技术市场，实行科技成果商品化”，确立了我国科技成果转化的基本制度，实现了科技体制改革的重大突破。随后，我国相继制定了《促进科技成果转化法》《中共中央 国务院关于加强技术创新，发展高科技，实现产业化的决定》《国家中长期科学和技术发展规划纲要（2006—2020年）》《中华人民共和国企业所得税法》《国家技术转移促进行动实施方案》等①。尽管我国已初步建成了技术市场的政策支撑体系，但是同西方发达国家制定的有利于技术转移的法律和规定对比来看，还须进一步考虑我国技术转移与科技成果转化发展的客观要求，在国家层面制定和完善相关法律，将技术转移和科技成果转化作为提升国家和企业竞争力的重大战略。同时，进一步加快科技与教育体制的改革步伐，优化教育结构和科技工作结构，创新运行机制和完善管理制度，逐步形成同经济社会发展相适应并具有各自优势特色的教育、科技体制，明确政府、高校、科研院所、企业、服务机构等在技术转移与科技成果转化中的权利、义务和利益关系，合理分工，提高效率，保障各方都具有平等、有效获得技术成果的机会。此外，要从地方和行业出发，完善政府科研管理体制，优化现有的科技资源配置，形成功能齐全、层次分明的国家技术转移与成果转化体系。

3. 建立健全技术转移市场监管机制

目前，在我国的政策法规中尚缺乏对技术交易市场的监管措施，建议完善相关法律配套措施，以法律的形式规定由国家级行政机构牵头负责行使监管职责，并将监管职责下放到各地的科学技术管理机构。此外，还需加强社会舆论监督。一方面，社会对技术转移机构的直接监督可通过引导传统媒体、自媒体对技术转移机构进行自发监督，促使技术转移机构运行机制合法合规；另一方面，社会通过对行政主管部门、技术转

---

① 傅正华，林耕，李明亮. 建立和完善国家技术转移体系的建议[J]. 中国科技论坛，2006（2）：23-27.

移协会的间接监督，督促相关管理部门和协会有效地对技术转移市场进行监管，促使监管部门提高监管效率①。

15.2 机构建设方面

1. 高校、科研院所

依据对我国高校科技成果转化现状的分析和国外成功模式的借鉴，同时结合我国实际，对我国高校、科研院所科技成果转化政策提出如下建议②。

（1）对高校、科研院所创新成果转化的科学认识和合理评价。

在我国现行的高校、科研院所管理体系下，科研团队负责支付专利申请和维持费用，申请什么专利、在哪个国家保护专利、维持专利多长时间基本由科研团队决定，而科研项目的结项和鉴定需要专利申请和授权作为科研成果，客观上导致了高校、科研院所重申请、轻转化，造成以专利许可和转化数量除以专利授权（或申请）数量的指标数值偏低。我国高校、科研院所创新成果的转化工作，应该关注上述指标的分子——专利许可与转化数量，特别是关注高价值专利的许可和转化工作，“理性忽略”分母——专利授权（或申请）数量，以建立正面积极的价值导向和评价机制，鼓励高价值专利的申请和转化许可。

（2）培育高价值专利，提升创新成果转化水平。

高校、科研院所申请的专利质量不高是制约我国创新成果转化水平

---

① 莫唯，陈华钊．欧洲典型技术转移机构运行模式及启示[J]．科技创新发展战略研究，2023，7（1）：28-37.

② 黄灿，徐戈，李兰花，等．中国高校和科研院所科技成果转化制度改革：基于专利技术交易数据的分析[J]．科技导报，2020，38（24）：92-102.

的重要因素。由于申请专利时科研人员缺乏从创造、保护到运用的全流程知识产权意识，并且内外部中介服务的水平作用有限，高校、科研院所专利申请质量不高，保护范围普遍偏窄。若专利申请书中撰写的权利要求保护范围偏窄，专利权利不稳定，即使专利获得授权，也很容易被第三方抢走专利权。企业因此不愿意许可和购买高校、科研院所的专利。解决专利质量不高而造成科技成果转化难的问题，应该发挥高校、科研院所技术转移办公室的协调管理作用，对于服务高校、科研院所的专利代理人进行评价、管理和激励，向高校、科研院所的科研人员提供专利代理人服务质量的充分信息，鼓励他们聘请高质量的专利代理人撰写专利申请书，提升专利质量，从源头上提升创新成果转化的工作水平。

（3）培育技术经理人，加强技术转移办公室能力建设。

高校、科研院所的创新成果转化涉及面广、转化过程复杂、定价机制烦琐，因而需要既对专业技术有一定的了解，又拥有法律、财务、人事等方面知识，同时还具备敏锐的商业头脑和市场洞察力的复合型人才。目前中国亟须培养此类人才，并且应该鼓励高校、科研院所培养和引进此类人才，加强技术转移办公室的能力建设；鼓励高校、科研院所和市场中介服务机构积极合作，共担创新成果转化的收益和风险，推动此项工作的开展。

（4）借鉴国际经验，优化科技成果转化制度设计。

我国高校、科研院所的创新成果转移体系的制度总体框架与美国《拜杜法案》体系类似，但是在对科研人员的激励力度方面，接近欧洲国家“教授特权”制度（不少高校、科研院所给予科研人员团队转让/许可净收入的70%甚至更高比例的奖励）。对科技成果转化制度设计的优化，未来应该关注国家对于由政府资助的科研创新成果的应有权利。例如，美国联邦政府拥有对美国大学基于联邦政府资助的科研成果（发明创造）申请的专利的非独占和免费许可的权利。我国可以考虑出台类似的规定以保护公共利益，避免出现在转让政府资助的创新成果专利权时，国家反而需要向专利权人支付高额的许可费的情况。此外，我国应该注意防止出现类似美国在《拜杜法案》体系激励下，高校、科研院所自身变成以应用技术为导向、偏离从事基础研究的宗旨与方向的问题，同时警惕部分高校、科研院所注重采用诉讼威胁等运营手段从而沦为与非专利实施实体（Non-Practicing Patent Entities，NPEs）类似的组织。

2. 技术转移服务机构

技术转移服务在我国属于新兴产业，已有的各类机构在服务发展模式、技术功能定位、业务特色专长等方面仍处于创新探索阶段，国家在制定促进和规范技术转移服务机构发展政策法规体系的同时，应当逐步明确各类服务机构的法律地位、权利义务、组织制度和发展模式，加强行业管理和规范，制定切实可行的技术转移服务机构指标体系和机构资质认证，在提高行业准入门槛的同时更需要技术转移服务机构自身在以下几个方面不断完善①。

（1）各方机构联合共建，形成全链条运营模式。

建议国家机构，高校、科研院所，市场机构三方协同推进技术转移机构建设，充分发挥各自的资源优势和特色。第一，由国家机构引导建设，发挥国有资本的优势，引导技术转移机构规范化、科学化建设。第二，由高校、科研院所参与建设，既可以充分利用高校、科研院所雄厚的技术实力与产业界的技术需求精准对接，又有利于技术转移机构将其自身的专利技术转化为现实生产力，提高高校、科研院所的技术成果转化积极性。第三，引入市场机构参与建设，参与的市场机构不但要提供资金支持，而且应具备相应的技术转移能力。此外，建议分为线上服务平台、技术研发平台、投资基金三大模块进行技术成果转移。线上服务平台主要提供技术中介服务和技术对接服务，其中技术中介服务以技术

① 杨贺．国内技术转移服务机构发展现状及策略研究［J］．科技创业月刊，2015，28（14）：14-15.

供给为出发点进行延展，技术对接服务则以技术需求为出发点向技术商业化开发延展。技术研发平台则是从技术需求出发，围绕企业所需的、市场缺乏的技术进行。投资基金板块是指技术转移机构设立投资基金，或者对接其他市场化风险投资基金，对技术提供投融资相关的服务①。

（2）创新技术转移机构盈利模式。

我国技术转移机构尚未探索出一套行之有效的盈利模式，因此，应当积极探索构建涵盖从技术研发到技术落地的全过程链条式技术中介服务营利机构。通过构建涵盖技术从无到有、从有到转的全链条式技术中介服务盈利机制，探索出一套切实可行的，既有利于技术转移，又有利于自身发展的盈利模式，这是解决当前我国技术转移机构成本居高不下、收益无法覆盖成本的重要途径。此外，建议我国技术转移机构设立风险投资基金，利用专业的技术筛选和评估服务，筛选和甄别出具有市场转化价值的技术进行投资。可借鉴 BTG 的经验，将技术分为长期投资型、已有扩展型、高潜力型、非核心型，对不同类型的技术实行有针对性的投资策略，以强化科技成果转移转化效果，提高投资成功率②。

（3）构建完善的技术转移人才培育体系。

构成创新系统的各方主体应建立合作平台、完善协同机制，以推动产学研合作。具体而言，政府应当发挥主导作用，通过科学化的宏观调控，协调建立信息与资源共享平台，使高校、科研院所的科研、教育资源和企业的技术、生产资源有效结合，确保高校、科研院所和企业的产学研合作教育互相配合；高校、科研院所在人才培养上应结合市场需求开展产学研合作，结合产业需求进行课程改革，并改革研究人员评价制度，提高研究人员参与产学研合作的积极性；技术转移机构应充分发挥

① 莫唯，陈华钊．欧洲典型技术转移机构运行模式及启示［J］．科技创新发展战略研究，2023，7（1）：28-37.

② 同上。

市场资源优势，协同促进产学研合作，建设综合能力突出、有竞争力的技术转移人才队伍。

15.3 其他建议

1. 优化基础条件

加大科技投入是优化技术转移与成果转化基础条件的根本保证。首先，政府应根据本地区和本行业的经济发展和产业特色加大对技术转移的投入力度，逐步建立技术转移或科技成果转化专项资金。根据技术转移与科技成果转化产品的需求，对一些从事该项工作的机构或企业给予重点的资金扶持和项目培育，推动一批国家重大计划项目和行业共性技术、关键技术的转移和扩散。同时，政府有关部门应该高瞻远瞩，加大资金扶持和推介力度，积极打造一批在技术转移与科技成果转化领域的知名企业或机构，形成强有力的品牌效应。其次，政府可以依托高校、科研院所、产业技术创新战略联盟、大型骨干企业以及科技中介机构等，采取部门和地方联动的方式，通过整合资源提升能力，形成一批技术转移与科技成果转化的服务平台。多渠道、多形式地利用全球科技资源提升技术转移与科技成果转化能力，创造研究开发条件。最后，鼓励企业与国外科研机构、企业联合建立技术转移与科技成果转化机构，引导和支持大企业与国外企业开展联合研发，引进关键技术、知识产权和关键零部件，开展消化吸收再创新和集成创新。同时，要加大对科技型中小企业的技术转移与科技成果转化的投资力度，引导和鼓励地方政府、金融机构以及其他民间资金参与技术转移与科技成果转化投入①。

2. 建立全面准确评价科技成果的评价体系

科技成果转化不是简单的技术交易，涉及供需双方外部政策环境、技术发展路线、产业发展前景、技术市场成熟度等多方面，需要专业的工具、专业的人员对不同条件作梳理，以便后续对接顺利，提升科技成果转化成功率。以企业创新需求为牵引，加大高校、科研院所对企业的科技成果供给力度，实现转化应用的主动性。开展科技成果评价，建立全面准确评价科技成果“五元价值”的评价体系。建立科技成果报告与登记制度，支持建设一批科技成果转化第三方机构，建设高水平、专业开放的技术转移机构、成果熟化中试平台②。

---

① 李威．我国技术转移与成果转化的困境及对策分析［J］．石河子科技，2011（5）：30-33.

② 浅析我国科技成果转化［EB/OL］.（2022-12-27）［2024-06-06］. https://www.163.com/dy/article/HPJ2LPC2053874V0.html.

结语

面对新时代战略发展需要和日趋激烈的国际竞争要求，如何推动科技成果转化、快速实现科学技术产业化是我国“十四五”期间面临的重大课题，也是培育新质生产力、实现创新驱动发展目标的迫切要求。要推动加快形成新质生产力，增强发展新动能，要以科技创新推动产业创新，加快构建创新链、产业链、资金链、人才链深度融合的创新生态，打通科技成果转化梗阻，推动优质科技成果向新质生产力转化。本书分别对国外和国内的科技成果转化相关实践探索和经验做法进行了梳理、分析、总结。国外在技术转移和科技成果转化方面，不论是理论研究还是实践都开始得比较早，所以发展至今，其科技成果转化体系和机制建设较为先进和完善，技术成果转化应用成功率相对较高，其科技成果转化机制和模式值得我们学习和借鉴。

综合以上的分析总结，国外科技成果转化体系各具特色。美国不管是科技水平还是经济实力均居世界前列，其成功的奥秘在于注重将科学技术与生产紧密结合，将技术转移与科技成果转化视为关键环节。作为工业强国的德国建立了差异化功能定位的科研布局，形成了涵盖基础前沿探索、应用技术研究及工业技术开发的完整研发链条。以色列作为世界高新科技发展强国之一，政府主导的科技体制创新推动了其科技成果的转化。作为欧洲科技强国的英国有着相对完整的技术转移战略和推动科技成果转化的具体措施。日本虽然在第二次世界大战后国内经济一度萎靡，但是短短几十年内又再次实现了复兴，其复兴和快速崛起靠的正是科技的不断创新以及科技成果的大量转化。法国作为世界科技创新强国，其科研成果商业化目标明确。

此外，芬兰形成了以企业为主体、市场为导向，产学研结合的研究开发和推广应用的科技成果转化体系。韩国则有着企业科研机构与官方科研机构、大学结合研究的科技发展和成果转化体系。新加坡的科技成果转化体系主要是政府通过与企业和包括大学在内的科研院所共同合作实现的。加拿大的科技成果转化体系是由联邦政府、科研机构、大学、企业和各类技术转移中介机构组成的一个相互依靠和相互支持的有机整体。俄罗斯的科技成果转化体系主要是以政府为主导、市场为导向、企业为主体、产学研合作为重要载体的技术创新和技术转移体系，其国防部门特别重视科技成果的转化应用。意大利建立了政府指导下的，以科研机构技术转移办公室和大学为主要载体，以科技园区为重要平台，商业机构协同支撑，金融系统保障的成果转化体系。

在我国，科技成果转化系统是一个庞大而复杂的社会系统，涉及高校、企业、政府及市场等诸多因素。健全的体制机制是促进优质科技成果向新质生产力转化的重要保障，我国通过深化科技体制改革取得了一定成效，形成了独特的科技成果转化体系。但总体上，我国科技成果转化体系与机制仍存在着封闭、分散、低效等不足①，一些长期存在的问题和障碍依然突出。学习和借鉴国外先进经验，破除我国成果转化中的障碍，不仅有利于我国科技创新事业不断发展，也有助于我国经济社会加速实现高质量发展。因此本书总结了国外在技术转移与科技成果转化方面的先进经验，包括政策法律 和机制的制定、相关机构的建设以及典型案例的解读等，以期为我国科技成果转化体系的进一步优化提供启示和借鉴经验。

---

① 蔡坚雄，陈丽娜，王庆，等. 国际科技成果转化促进策略概述与启示[J]. 中医药管理杂志，2016，24（22）：1-5.